天津市高等学校人文社会科学研究项目资助

环境艺术设计实用参考图鉴

英国景观艺术

LANDSCAPE OF GREAT BRITAIN

彭军　张品　编著

中国建筑工业出版社

前言

无论是东方还是西方，无论是哪个区域或是民族，都在用自己特有的思辨诠释着各自独特的审美认识。

在漫长的岁月中，前人闪烁着聪睿的智慧，通过锲而不舍地对自己的家园环境的营造，给我们留下了叹为观止的绚丽景观。汲取着传统技艺的养分而生机勃勃的后人，又用现代的创新思维和先进的技能在谱写着更为多元的、充满奔放的情感音符与理性规范的生活空间的画卷。

“他山之石，可以攻玉”。

笔者每每徜徉在异国的大街小巷，品茗着那既充满着理性的深沉，又洋溢着感性的浪漫的景观构图、建筑形式与细部造型，欣赏着或粗犷、或精雅，或传统、或时尚的景观艺术创意景象，体验着城市生活中既充满人性化的功能设计又传递着美的讯息的公共设施的时候，《诗经》的这段名句就擒着我的手指不停地按下快门。

收录在《英国景观艺术》一书中所展现的英国景观实例都是笔者在考察英国众多城镇时所拍摄的数以万计的照片中分类选编、考纂的。希望您通过此书可以真切、直观地了解英国的景观艺术，进而在设计中借鉴、丰富自己。

编者

写于2011年10月

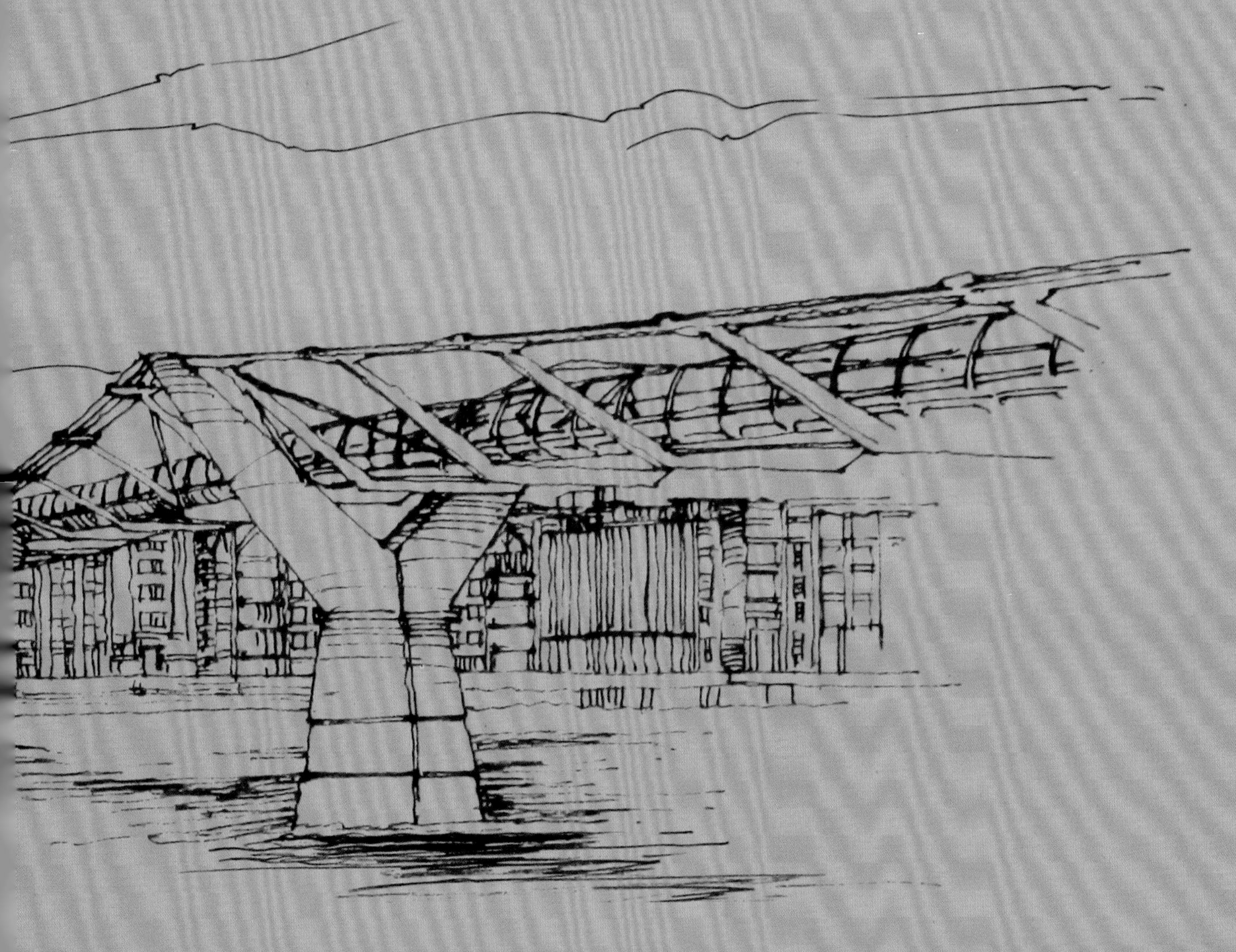

目录

一 广场景观

公共环境景观包含在景观的大范围之下，具有景观中富有美感、与周围环境相融合、使人放松的特性。

公共环境景观简单地说，就是在公共场所中，自然形成或人为创造的一种景观形态。它不仅仅是城市区域环境的艺术风格、样式、流派的展示，还是一种个体或群体的精神空间。

公共景观不应该剥离其所在的特定环境去看待，而是在不同的自然环境条件、历史人文因素、经济条件的制约之下应运而生的，以能够满足各类群体对其使用功能和精神功能或同、或异的需求，这就要求公共环境景观具有一定的灵活性与可伸缩的适应性。公共环境景观不仅仅是一种静止的“景”，它更是一种公众文化的载体与行为的体验。

英国的公共环境景观具有自己独特的风格特征和文化传承。在这里不仅仅有当代的创意奇妙的公共艺术景观，体现出当代人在当今经济飞速发展的环境下对于现代景观设计理念的诠释；同时，还可以感受到英国古典传统园艺文化，展现其民族特性和长久以来对于自然、人文思想的追求。在满足功能的基础上，无论从设计文化方面或是对历史的传承与发展上都堪称典范。

白金汉宫前的维多利亚纪念碑广场 1 （伦敦）

广场是区域环境的核心，是城市的公众户外生活和聚会的场所，也是市民进行社会活动、庆典、约会的空间。

城市广场一般位于城市的或城市行政区域的中心位置。城市广场又可细分为政治性广场、纪念性广场、休闲性广场……尽管广场的形式千差万别，但是它们的基本功能都是为人们提供一个漫步、休闲、集会的户外空间。城市广场的设计除了满足适宜的使用功能，还是该城市的地域文化、艺术品位的生动体现。

白金汉宫前的维多利亚纪念碑广场 （伦敦）

广场中央屹立着伊丽莎白二世的祖母维多利亚女王的镀金雕像纪念碑，四周辅以四组群雕。纪念碑的正前方是一条宽敞、平坦、笔直的暗红色迎宾大道，是皇室重要庆典、巡游的主要场所。

广场两侧的对称植物景观采用西方传统的造景方式，采用半圆围合的形式，强化了对围合广场的向心性，强化了庄重、严谨的景观内涵。植物颜色上采用红色和绿色两种对比色，使广场形象平添活跃、鲜明的特色。

白金汉宫前的维多利亚纪念碑广场 2 （伦敦）

简洁的围栏、灯杆与繁复的巴洛克风格的铁艺大门形成了鲜明的对比。

白金汉宫前的维多利亚纪念碑广场 3 （伦敦）

特拉法尔加广场 （伦敦）

伦敦特拉法尔加广场(Trafalagar Square) 也叫鸽子广场，是伦敦著名的广场之一，伦敦的政治性、文化性、娱乐性的集会、活动一般在此举行，该广场是19世纪初为纪念特拉法尔加角海战而建的。

广场中心竖立着一座高56m的圆柱形纪念碑，纪念碑上端的铜像是在海战中牺牲的海军上将纳尔逊。石柱底座上有四幅描写海战的雕塑，纪念碑建于1840～1843年，其规模之雄伟、制作之精美，在英国的广场景观中独树一帜。

纪念碑的造型元素皆来自经典的建筑语汇，与周边的建筑相得益彰，是广场的视觉中心。

特拉法尔加广场 1 （伦敦）

特拉法尔加广场 2 （伦敦）

广场两侧对称布局的大尺度的喷水池中央是雕塑、水景景观，浅浅的池水使市民、游人可以身临其中亲水、嬉水，营造了一处宜人、休闲的艺术环境。

广场作为市政厅的附属空间，其设计形式也是对市政厅建筑风格最好的诠释与延展，凝练的造型语汇、单一的材质和灰色调强化了广场庄重的形象与内敛的气质。

市政厅广场 （伦敦）

大英图书馆前广场 （伦敦）

广场地面铺装的色调在与建筑主体保持一致的基础上略有变化，利用灌木植物围合的方式对广场空间进行了划分，广场有序地布置的多座公共艺术品，营造出了独特的、充满文化气息和艺术品位的室外环境。

某写字楼前广场 1 （伦敦）

在建筑主体围合的空间中，巧妙设计的圆形喷泉及地面铺装形式对空间进行了重组，形成了区域性的视觉中心。

格林尼治大学校园广场 （伦敦）

格林尼治大学（The University of Greenwich）建于1890年，有百年的历史。校园广场景观运用了新古典主义建筑风格的语汇，体现了理性与浪漫的交融。

某公寓广场 （伦敦）

某写字楼前广场 2 （伦敦）

高大的建筑与精巧的景观小品的对比，使藏与露之间交相辉映，凸显了凝练的设计效果。

质朴的小广场、宜人的旱喷水景，细微中显得大巧若拙、饰不留痕，与东方的审美情趣不谋而合。

司各特纪念塔广场 （爱丁堡）

此广场为纪念苏格兰大文豪司各特,于1844年建成。塔高61m，为黑灰色油石的哥特式尖塔。塔中央是司各特的大理石坐像，脚下雕有他的爱犬。塔四周装饰有64座小雕塑群像，均为司各特作品中的代表人物。

某街区广场 （伦敦）

苏格兰现代艺术馆前广场 （爱丁堡）

在街区里闹中取静，利用体量适宜的乔木、座椅、木柱等元素围合成了一处休憩的宜人场所。

这个超出一般设计定式的广场景观，本身就是一个现代景观设计作品：采用抽象的、简约的几何语言，叠加、回转的虚实构成元素，在有限的场地尺度中营造了无限的变幻空间。它既是一曲引发现代艺术品展示的序曲，又以自然无痕的方式融入整体环境之中，令徜徉其中的我们不由得赞叹其构思的巧妙。

市政厅前广场 1 （纽卡斯尔）

市政厅前广场位于该城市中心，与其说是广场，莫如说是一个美轮美奂的花园，市民可以随心所欲地或躺或卧，享受着阳光和草香，在现代都市中心营造了一道亲和、自然的怡人风景。

市政厅前广场 3 （纽卡斯尔）

市政厅前广场 2（纽卡斯尔）

市政厅前广场 4 （纽卡斯尔）

河畔绿地（纽卡斯尔）

通向高台的陡坡被浪漫地处理成蜿蜒的梯路嵌在花池的间隙，使本来乏味的登坡之道变得移步观景，趣味盎然。

泰恩河畔广场（纽卡斯尔）

河边小广场采用后现代主义的设计形式，将各种建筑语汇通过非传统的方式重置，构成了一个具有地标性的景观节点，强化了河岸景观的艺术形象。

小镇的街心小广场（英格兰）

穿过小镇的拐角处有一个精巧的小广场，同样给你浓郁的、历史的、艺术的感染力。

某城堡旁的渔港小镇的街心小广场（英格兰）

方尖碑形式的纪念柱使小小的广场有了独特的地域符号。

广场中的小径犹如涟漪般荡漾开来，仿佛一首乐曲的美妙旋律，富有节奏感。

街区小广场（切斯特）

青石板上般般水迹伴着淡淡的花香，古老的哥特式建筑喃喃诉说着往事的沧桑，一切是那么和谐，仿佛时间倒转回中世纪。

教堂后广场（切斯特）

二 公园景观

在现代城市中，公园被公认为是城市钢筋混凝土“沙漠”中的绿洲，成为城市人的休闲环境，它让人们更亲密地感受自然、体验季节的更替，微风拂面、雨润大地……

英国的公园可分为皇家的和公众的两种。在形式上以高耸的大树、广阔的草坪、起伏的地形、蜿蜒的步行路以及水景、小品、雕塑等造园元素为特征。

城市公园是城市绿化体系的重要部分，是城市中的生态景观。这些景观的形成既有自然的因素又有人为干预的因素。这类景观把自然引入城市之中，改善了城市的生态环境，是一种开放空间。以亲近自然的特色与恬静、优雅的魅力吸引人们去享受、品味，提供开放的场地，供人们游憩。

公园所处的地理位置的周边环境功能决定了该公园的功能属性，比如，主题性的公园、娱乐性的公园、休闲性的公园……

肯辛顿公园 1 （伦敦）

两排尺度巨大的植物造型引向路尽头的中世纪建筑，强化了路径的方向性,营造了神秘的纵深感，构成了一处具有丰富想象力的虚实相间的空间。

肯辛顿公园 （伦敦）

肯辛顿公园（Kensington Park）旁有一个自然形态的湖泊，其旁的同名的艺廊(Serpentine Gallery) 颇受欢迎。南部有一个著名的阿尔伯特纪念碑。阿尔伯特的塑像全身包裹金箔，在周末的阳光照耀下显得异常绚烂夺目。雕像的四方形底座边分别有四组雕像，分别代表亚洲、非洲、欧洲和美洲。

肯辛顿公园 2 （伦敦）

花园中这高大的植物造型给人丰富的艺术感染力，展现了严谨、独特的英国传统园艺风格。

肯辛顿公园 3 （伦敦）

绿，是公园的主题，采用以简胜繁的手法强化了设计的风格特征。

肯辛顿公园 4 （伦敦）

伦敦肯辛顿公园中的植物园，利用将植物修整成绿篱在园中围合出一处精致的小花园，各种奇花异草围绕中间的水塘展开，展现了典型的英国园艺造景艺术。

规整、严谨的布局强化了广场的纪念性主题属性。

肯辛顿公园 5 （伦敦）

斑斓、多彩的花卉及其他植物与明媚的阳光相辉映，人们漫步在其中，感受着大自然的妩媚。

肯辛顿公园 6 （伦敦）

肯辛顿公园 7 （伦敦）

公园主轴线指向的中心亭廊，构成了古典景观设计严谨的程式。

肯辛顿公园 8 （伦敦）

回望广场的景观布局，圆形的中心水景营造出内在的向心力，强化了广场的特色。

肯辛顿公园 9 （伦敦）

肯辛顿公园 10 （伦敦）

在道路汇集处的景观小品和雕塑，形成了游人驻足观赏的视觉中心。

肯辛顿公园 11 （伦敦）

公园内不多的亭子，为人们提供了自娱自乐表演的舞台。

肯辛顿公园 12 （伦敦）

湖边质朴的木质休息亭，为人们提供了遮风避雨的场所。

肯辛顿公园 13 （伦敦）

伦敦海德公园（伦敦）

海德公园（Hyde Park）是伦敦城市内最著名的、也是最大的公园，占地250多公顷。公园于16世纪后期首次向民众开放。西接肯辛顿公园，东连格林公园(Green Park)，形成寸土寸金的伦敦城里一片广阔的绿地。历史上这里曾经是英国国王的鹿场，后来又成为赛车和赛马的场所。公园里还有著名的皇家驿道，道路两旁巨木参天，整条大道就像是一条绿色的“隧道”，许多骑马爱好者经常在这里遛马。公园中有森林、河流、绿野千顷，静温悠闲。

海德公园完全就是一个休憩、运动、娱乐的天地，有别于外界的喧嚣，在这片宽阔安静的自然领地里通过不同的小品景观，展现了迥异的景观风貌，让人们以不同的方式去享受愉快、轻松的时光。

海德公园 1 （伦敦）

海德公园 2 （伦敦）

海德公园 3 （伦敦）

海德公园 4 （伦敦）

在这里，没有矫揉造作的离宫别苑，没有匠气的人工元素，感受最多的是自然的气息——清新与惬意……

海德公园 5 （伦敦）

海德公园 6 （伦敦）

造型精美的景观小品。

海德公园 7 （伦敦）

园中小径边上富有浓郁的浪漫主义气息的花钵。

摄政公园（伦敦）

摄政公园(Regent's Park)在伦敦市的北部，是一座具有19世纪风格的大花园，因此亦是伦敦最新、最堂皇、也是最多风貌的公园。这一片占地500多英亩的绿地，于1812年将其围合起来成为公园。原先的构想是要建立一座供摄政王休闲娱乐的行宫，计划中包括至少56栋古典式别墅、摄政王夏日别馆、供奉英格兰的伟人祠等的一个精美的都市景观花园，但最后受限于经费只盖了8栋别墅并无行宫，且直到1838年才对外开放。

摄政公园 1 （伦敦）

中轴对称的构图尽显皇家园艺的风范。

摄政公园 2 （伦敦）

路边的绿化带，采用有节奏感的花灌木进行点缀。

摄政公园 3 （伦敦）

摄政公园 4 （伦敦）

以喷泉作为道路中间绿化带的中心，动静有序。

摄政公园 5 （伦敦）

中心花坛周围簇拥着点状花篱，烘托出跳跃、活泼的氛围。

绿化景观带上精致的喷泉池与灌木造型的组合，展现了英式园艺严谨的工艺水平。

摄政公园 6 （伦敦）

摄政公园 7 （伦敦）

路中间的新古典主义喷水池。

摄政公园 8 （伦敦）

用名花异草组合而成的花坛，花色错落相间，跳跃而醒目。

摄政公园 9 （伦敦）

花钵与绿植相互映衬，彰显了花卉的艳丽。

摄政公园 10 （伦敦）

一组采用同类色组合而成的花坛。

公园入口处采用规整、对称的设计手法，小中见大。

维多利亚河畔公园 1 （伦敦）

园内绿篱环绕着的名人雕像，庄严、肃穆。

维多利亚河畔公园 2 （伦敦）

小广场采用方中寓圆的造型形式，使设计的整体性得以体现。

维多利亚河畔公园 3 （伦敦）

园中一隅的景观尽显精美的景观特色。

维多利亚河畔公园 4 （伦敦）

园内的饮水设施采用古典造型的形式，形成了一个区域景观，使功能与艺术形象形成完美的统一。

维多利亚河畔公园 5 （伦敦）

高低错落的植物丛中，铺设的几何形布局的红色花卉，丰富了人们观赏景观的视觉效果。

维多利亚河畔公园 6 （伦敦）

修剪成的植物艺术造型，俨然一尊现代风格的雕塑。

园艺博物馆 1 （伦敦）

临墙布设的巴洛克风格的滴水池，雕饰精美。

园艺博物馆 2 （伦敦）

巧妙地将灌木修饰成柔美曲面靠背的形状，与石凳形成一处休憩空间。灌木造型与石凳虚实相融。

园艺博物馆 3 （伦敦）

园中各种风格的景观形式互相穿插，使方寸间的空间情趣盎然。

园艺博物馆 4 （伦敦）

公园中博物馆后面的小广场，布局简约。

格林尼治公园 1 （伦敦）

园内的景观均采用几何形布局的设计手法，工整、严谨。

格林尼治公园 2 （伦敦）

园中小径相交处采用中心圆形水景的方式，使游人行、驻其间。

格林尼治公园 3 （伦敦）

格林尼治公园 4 （伦敦）

用自然、淳朴的造型语言，引领你体验恬静、清新的自然梦境。

虽是楼间的方寸绿地，但设计的景物错落、虚实有序。

楼间的绿地 （伦敦）

高低错落的喷水景观造型，构思巧妙。

中心区的小公园 1 （伦敦）

一池喷泉水景，为小公园平添了灵性

中心区的小公园 2 （伦敦）

花园虽然精小，设计得却丰富、多变，充满了趣味。

中心区的小公园 3 （伦敦）

社区的儿童乐园采用漂亮的色彩，体现出强烈的游戏特性。

中心区的小公园 4 （伦敦）

以图腾木雕作为社区公园的景观特色，古朴、稚趣。

中心区的小公园 5 （伦敦）

公园中的游乐设施材料采用不加油饰的原木制作，使儿童在游乐间与自然相触。

城市内的小公园 6 （伦敦）

掩映在树后的中世纪城堡，开窗极少，建筑立面平整，不留任何可以攀爬的凭借。

王子大街公园 1 （爱丁堡）

临街的大草坪成为人们的休憩场所，享受着阳光的沐浴。

王子大街公园 2 （爱丁堡）

新古典主义的水榭廊柱（布莱顿）

布莱顿地处英格兰东南部，人口19万多，是英国最大的海滨度假胜地。早先布莱顿只是个小小的渔村，大约300年前，随着海水浴的盛行而逐步发展起来。如今这座风光旖旎的滨海小城，每天都有许多游客前来度假，街巷、海滩游人如织。

街心花园的喷泉（布莱顿）

中心公园（伯恩茅斯）

伯恩茅斯（Bournemouth）位于英国南海岸多塞特郡（Dorset），人口逾15万。多塞特自然风光俊秀，拥有数英里的沙滩海岸、古雅而小巧的村庄、历史建筑以及美丽的田园风光。

后现代主义的景观小品。

中心公园 1 （伯恩茅斯）

具有游戏色彩的路径，使人感到诙谐、新奇。

中心公园 2 （伯恩茅斯）

中心公园 3 （伯恩茅斯）

古朴的汲水井，构成了区域景观的一个小景点。

街心花园（约克）

约克位于英格兰北部，由罗马人在公元71年创建，中世纪的时候得到迅速发展，逐步成为仅次于伦敦的第二大城市。在约克街头漫步，可以随处领略古罗马的城墙遗迹。中世纪的约克大教堂，它的一砖一瓦仿佛都述说着悠久的历史。游走了英国的许多城市之后，才会更加深刻地感到，约克是英国历史的缩影。

秋日公园里的绚烂色彩（约克）

朴拙的中世纪风韵的街心水池（约克）

中轴对称的园艺景观。

某饭店花园景观 1 （约克）

花园的景观以传统园艺栽植与人工喷泉相融合，自然的田园之中内含着规整、严谨的英式风范。

某饭店花园景观 2 （约克）

蜿蜒的小路好似流淌的溪水，静静地流淌在郁郁葱葱的绿植景物中。 某饭店花园景观 3 （约克）

尺度宜人的园艺景观。

某饭店花园景观 4 （约克）

大面积的草地之中，用修剪成几何形态的绿篱进行围合，间或有树木加以点缀，疏密有序。

某饭店花园景观 5 （约克）

公园的铭牌设置在入口前的圆形的绿地中央，构成了景观的视觉中心。　　湖区小镇公园 1 （卡莱尔）

公园为居民提供了各种休闲娱乐的设施，使人与景观充分互动，并通过道路巧妙衔接，互不干扰。

湖区小镇公园 2 （卡莱尔）

湖区小镇公园 3 （卡莱尔）

湖区小镇公园 4 （卡莱尔）

湖区小镇公园 5 （卡莱尔）

湖区小镇公园 6 （卡莱尔）

防腐木搭建的景观小品采用不同的构架形式、手法，产生丰富的视觉效果。

湖区小镇公园 7 （卡莱尔）

汲水井亦成为富有生活气息的景观小品。

乡村风格的入口门洞如同一个画框，洋溢着乡村田园的气息。

Charlerford小镇度假酒店庭院 1 （卡莱尔）

平坦、工整的草坪映衬着古朴的建筑，精心修饰的花草、植物，给游客展现了富有艺术品位的英式园艺风采。

Charlerford小镇度假酒店庭院 2 （卡莱尔）

Charlerford小镇度假酒店庭院 3 （卡莱尔）

在自然环境中大草坪上布设的大棋盘，不仅是健身康体的设施，亦是充满情趣的一个别致的景观。

一汪水池中颇具东方韵味的、精巧的喷水小品石花钵，使庭院平添了静中亦动的小景。

Charlerford小镇度假酒店庭院 4 （卡莱尔）

尺度宜人的布局，轻松、自然的各色花草，把整个庭院装饰得宛如童话世界。

Charlerford小镇度假酒店庭院 5 （卡莱尔）

通过控制植被的高度，尽量降低天际线，从而突出了建筑的体量。

Belsay公园 1 （诺森伯兰）

精心修剪的高低错落、富有层次的绿色植物，营造了疏密有序的空间变化。

Belsay公园 2 （诺森伯兰）

花池中各色花草相互簇拥，似乎没有明确的边界，有的花团就趁机偷偷地“涌”了出来，使静的景物似乎有了生机。

Belsay公园 3 （诺森伯兰）

近景工整的花坛与远处自然的生态丛林形成对比，层层叠叠，呈现了一幅令人心旷神怡的田园风景画。

Belsay公园 4 （诺森伯兰）

三 校园、医院景观

（一）校园景观

校园景观不仅仅是为莘莘学子提供相宜的学习环境，还是教育与社会相融的交流平台。也就是说，校园的户外空间并不仅仅是单一的教学及生活的空间单元，还要满足人们的审美需求，更重要的是它还是人与人交流和传承人文历史的空间。

英国的校园景观设计充分利用基地的地形、地貌的特点，校园建筑与校园景观相互辉映，往往形成了具有各自地域特征的标志性景观环境。有的校园景观具有鲜明的时代特点和艺术特色，有的校园景观则表达了较高的思想内涵，展现人文情怀、继承传统文脉，并融入现代精神。每个校园都有自己的人文历史，在景观设计上充分展现了各自的风貌，彰显了独特的校园精神，成为了英国景观艺术一个独具魅力的景观分支。

剑桥本是英格兰的一个小镇，之所以名闻天下，是因为于1209年创办了剑桥大学。剑桥大学下设31个学院。剑桥大学国王学院的建筑和校园景观最为雄伟、壮观，美丽的剑河依校园而过。平展的大草坪映衬着古塔和巍峨的建筑，是剑桥的标志性区域景观。

成立于1347年的彭布罗克学院是剑桥第三古老的学院，距今已有600余年的古朴建筑，规整的校园景观，充满了人文色彩和悠远的历史积淀。学院后校园庭院甬道两侧的庭院景观为校园营造了优雅、宁静的氛围。

剑桥大学彭布罗克学院 1 （剑桥）

剑桥大学彭布罗克学院 2 （剑桥）

校园内的高树、矮枝相互映衬，绿地上斑驳的古典样式的石钵，营造了校园幽静、自然的环境。

剑桥大学彭布罗克学院 4 （剑桥）

校园侧庭院入口处的一池水景，仿佛一幅立体的莫奈《睡莲》。

庭院内开阔的草坪上摆放着几把相邻座椅，为师生提供了休闲交流的环境。

剑桥大学彭布罗克学院 3 （剑桥）

没有时髦的设计形式，没有炫目的现代材料，用最自然的语汇引领你体验沉静、内敛的学府梦境。

剑桥大学彭布罗克学院 5 （剑桥）

剑桥大学某学院庭院 1 （剑桥）

主教学楼前规整的水景平台景观，使具有历史感的建筑平添了现代简约的形象元素，广场花坛中斑斓的花卉造型，又为浑重的校园氛围带来了青春活力的气息。

剑桥大学的许多学院的校园大多是由教学建筑围合而成，装饰精美的古典建筑与整洁的庭院环境形成了对比，构成了庄重的、富有历史感的校园景观形象。

剑桥大学某学院庭院 2 （剑桥）

剑桥大学某学院庭院 3 （剑桥）

校园景观以修剪整齐的绿篱形成空间的划分，平展的草坪衬托出参天古树的巍峨。

剑桥大学某学院庭院 4 （剑桥）

摇曳的藤枝为沉静的校园平添了几许灵动。

古朴的装饰性花坛巧妙地掩饰了散气孔基座，细节之中展现了颇具匠心的园艺设计。

剑桥大学某学院庭院 5 （剑桥）

古朴的残瓮形成了校园内的一道风景，可从中感受到积淀其中的人文气息。

剑桥大学某学院庭院 6 （剑桥）

剑桥大学某学院庭院 7 （剑桥）

修剪成具有雕塑感的体块形状的植物造型，引托出了甬道尽头的青铜雕塑，形成了一条艺术廊道。

牛津大学（伦敦）

从伦敦向北偏西方向前行，就到了享誉世界的学术名城——牛津。自13世纪以来逐渐形成了学府，牛津大约有40余所学院，被誉为大学中的城市。

茂密的攀爬绿植，塑造了古老的建筑别样的面容。

牛津大学某学院庭院 1 （伦敦）

校园一隅的布置精致、宜人。

牛津大学某学院庭院 2 （伦敦）

规整划一的内庭院，空间虽小，却无局促的感受。

牛津大学某学院庭院 3 （伦敦）

校园内精心铺就的碎石步道，与路两旁盛开的鲜花，展现出具有勃勃生机的景观神韵。

牛津埃克斯特学院 1 （伦敦）

高高的、古朴的建筑上爬满了老藤，浓密的绿叶中环抱着沧桑的建筑，显得古朴、素雅。

牛津埃克斯特学院 2 （伦敦）

透过参天的苍劲古树，遥望阳光下的校园，就像回到了历史长河之中，饱经风霜的建筑，沉寂旷古的校园，显现出沧桑百年积淀的校园神貌。

布鲁奈尔大学校园环境 1 （伦敦）

校园内在翠枝红叶的簇拥中安逸、恬适的教室。

布鲁奈尔大学校园环境 2 （伦敦）

建立于1992年的诺森比亚大学的校园环境展现的是简约、时尚的现代景观风格，校内景观元素采用大体块的穿插，平面布局呈几何划分的形式，校园是开放式的，与周边环境没有硬性的阻隔，主校区入口处的抽象雕塑演绎着现代主义风格的建筑与校园文化。

诺森比亚大学 1 （纽卡斯尔）

利用周边建筑的围合，形成一处闹中取静的内庭院空间。

诺森比亚大学 2 （纽卡斯尔）

（二）医院景观

英国的医院景观设计在满足医疗场所功能的环境条件下，注重景观美学的原则，在景观设计思想、原则及景点布置上体现人与自然高度和谐统一的生态理念，植物配置上强调具有生态保健的概念。

英国的医院营造了花园般的环境，更加有利于人们心理的放松，全身心地接受治疗。

在视觉方面，艺术化的景观可以进一步地软化建筑形式，显现自然的美感。在功能方面，为患者提供一种变相的心理上的安抚与治疗。这种潜移默化的景观功能为人们所感受、所体会。可见，医院景观不仅仅是特定环境上的美观，同时还起着对就医者精神理疗方面的重要作用。

宽阔的、开放式的医院广场，中心水池的不锈钢材料制作的抽象雕塑，不停地转动着，喷洒着水柱，形成了静中有动的视觉中心，为人们提供了散步、休闲、疗养的美轮美奂的景观环境。

楼间的小庭院营造得精巧、温馨，草坪与硬质地面交界处的铺装处理得颇具匠心。

维多利亚医院 1 （纽卡斯尔）

医院前广场的景观设计展现了典型的英式园艺风格，营造出一种人与自然和谐共融、宁静宜人的艺术氛围。

维多利亚医院 2 （纽卡斯尔）

楼间的钢构架玻璃庭廊设计成了展示各种植物的休闲厅，为人们提供了一个悠然自得的氧吧。

维多利亚医院 3 （纽卡斯尔）

疗养院庭院采用日式枯山水的造景手法，在树林边缘营造了尺度宜人的边界和艺术景观。

疗养院 1 （约克镇）

绚丽的花簇如同熔岩一样从山顶涌下来，使静的景观充满了涌动的视觉效果。

疗养院 2 （约克镇）

四 桥、街道景观

(一)桥景观

在英国，既有恢弘的、史诗般的历史名桥，也有尽显当代科技水平的、具有里程碑性质的现代式桥；有诠释现代大都市风范的、具有地标性质的桥，还有充满诗意的田园小桥。人们把更多美好的希望与祝福倾注其中，在形式、体量、功能，以及制造工艺与技术上都深深地显现了社会发展的烙印。无论是工业革命前后建造的桥，还是当代所造的不同种类的桥，都可以从中感觉到英国民众严谨、沉静的性格和包容并蓄的态度，以及对历史的尊重和对新技术不懈的追求。从某种意义上讲，英国桥梁的发展史，也是人类科学技术的发展史一个直观的缩影。

欣赏英国千姿百态的桥，还给我们解读了这样的认识：桥，不仅是架在水上或空中的构筑物，它亦是集中展示人文历史记忆的载体；它还是艺术家与工程师合作创作的表现主义雕塑！

千禧桥（伦敦）

为了迎接千禧年，英国政府特别建造，由建筑大师诺曼·福斯特（Norman Foster）主持设计。千禧桥横跨泰晤士河，全长320m，造价1820万英镑。千禧桥的外形看起来利落、简洁，加上金属材质的色泽，更突显其代表未来的科技感。这“银带”只有离两岸不远的一对“Y”字形空心金属桥墩支撑，像一个人张开双臂在欢迎往来的游客。

远望千禧桥，秀美的身躯牵连了历史（北岸的圣保罗大教堂）与未来（南岸的泰特现代艺术馆），寓意深远。

千禧桥 | （伦敦）

千禧桥 2 （伦敦）

这座桥没有任何刚性大梁架在桥墩之间，而只有8根两端固定在岸上的钢索挂在两墩之间。

千禧桥是供人们骑自行车、步行穿越的景观桥，开放的护栏进一步打开人们的视野，使行人更好地欣赏泰晤士河的景色。

千禧桥 3 （伦敦）

千禧桥 4 （伦敦）

折返式上、下桥的构造形式，大大缩短了引桥的长度，尽显设计的绝妙。

桥头与周围环境相融合的一组景色，设计的周密考虑使桥没有多么凸现，而是与整体环境相匹配。

千禧桥 5 （伦敦）

千禧桥 6 （伦敦）

钢质的桥身与拉索，尽显现代技术与材料的美感。

塔桥（伦敦）

这座哥特式风格的桥始建于1886年，有“伦敦正门”的美誉，是伦敦乃至于英国的形象代表。从远处观望塔桥，双塔高耸，极为壮丽。塔桥内置楼梯上下，内部还设有博物馆、展览厅、商店、酒吧等。登塔远眺，可尽情欣赏泰晤士河上、下游的迷人风光。

地标性的塔桥承载着英国的传统文化，塔桥好似遍布英格兰的古堡造型，看上去好似能从拱门中冲出手拿长枪、身穿铠甲的骑士。

塔桥 1 （伦敦）

桥端的配楼与主体的塔楼相呼应，进一步地突出了庄重、巍峨的整体形象。

塔桥 2 （伦敦）

高耸的塔楼远远望去凝重、浑厚，岁月铸就了它庄严的风范。

塔桥 3 （伦敦）

塔桥 4 （伦敦）

塔楼分上、下两层结构，连接两座塔楼的上层通道可以俯瞰两岸风景，下层则是供通行的桥体。

桥身的铸铁扶栏花饰华丽，颇有皇家风范。

塔桥 5 （伦敦）

泰晤士河上的桥（伦敦）

泰晤士河是英国著名的“母亲”河，发源于英格兰西南部的科茨沃尔德希尔斯，全长402km，横贯首都伦敦与沿河的10多座城市，流域面积13000km^2。在流经伦敦的泰晤士河上，有34座各个时期建造的风格迥异的桥连接两岸，这些桥的结构和风格各有特色，可以说是桥文化的博物馆。

威斯敏斯特桥是一座多孔拱桥，极富于节奏和韵律感，与相邻的著名的大本钟和议会大厦共同构成了伦敦核心的区域景观。

威斯敏斯特桥（伦敦）

亨特福德桥是一条两侧加建了人行桥的铁路桥，钢骨架的结构，如同舞动着力肢的巨龙横卧在泰晤士河上，白色的桥构件就好似王冠上的装饰品，点缀着整个大桥。

亨特福德桥（伦敦）

黑修士桥的支座形同布道坛，使人想起曾经居住在河左岸的修道士。但桥身颜色却采用红、白两色相间组合，在蓝天的映衬下格外明快、亮丽。

黑修士桥（伦敦）

这是一座工业味道十足的大桥，结构的美感成为了大桥的亮点，桥墩上矗立的雕像代表着建筑、农业和科学。

沃克斯霍尔桥（伦敦）

在淡淡灯光的照射下，大桥更见雄伟、挺拔。

南瓦克桥（伦敦）

黑色与红色相配的大桥显得威武、精壮，有一种说不出的豪迈感。

兰贝斯桥 1 （伦敦）

矗立在桥头上的柱灯苍劲、浑厚，具有浓郁的英国风范。

兰贝斯桥 2 （伦敦）

平实、质朴的桥与其他华丽风姿的桥共存于同一条河上，也别具一番情趣。

南沃克铁路桥（伦敦）

钢结构的桥身富有美感，与周围的现代建筑融为一体。

过街天桥（伦敦）

盖茨黑德千禧桥（纽卡斯尔）

纽卡斯尔是英格兰北部的重要城市，为了迎接新世纪而建造的“盖茨黑德千禧桥”，成为了这座城市新的标志。

这是一座步行桥，外观奇特，长126m，由于其独特的构造，造桥花费将近3000万英镑。桥身不是常见的直形，而是弯成一个弧形，如彩虹般横跨泰恩河的固定拉索的拱门也不是直立的，而是倾斜状的，通过几十组钢索将桥面固定。当大型轮船通过时，该桥还可以将主桥体向上拉升50m的高度，让大型船只从下面通航，升到顶部时索塔和主桥宛若一只点水蝴蝶的双翅。

值得特别提及的一个设计细节是桥上的自动垃圾收集系统。当大桥翻转开启时，行人在桥上丢弃的垃圾会滚入特殊设计的管子里，再传输至桥两端的垃圾收集系统里。这样一来，大桥能经常地保持整洁，而省下的人工收集垃圾的费用，经年累月，也会很可观。

盖茨黑德千禧桥 1 （纽卡斯尔）

“步行的景观桥”——这便是对它的定位。在代步工具繁多的今天，能有一边散步一边享受美景的地方，着实难得。

被喻为“眨动的眼睛”的翻转桥，静止时它的造型就像是人的眸子，富有灵气。

盖茨黑德千禧桥 2 （纽卡斯尔）

桥的设计不仅在工程结构上匠心独运，在建筑美学上也可说是美轮美奂。与河面成一角度的固定大拱门和支持它的多根斜拉大钢索，与平放时的弧形旋桥，远远望去，真像一把特大号的竖琴，又好似一只闪动的蝴蝶，侧浮在水面上。

盖茨黑德千禧桥 3'（纽卡斯尔）

而当旋桥提升45°让大船通行时，桥的固定与活动的两个部分各与河面成一斜角，恰似一个蝴蝶的两个翅膀。桥的开启动作极具视觉的冲击力和戏剧性，不由得对设计者的艺术才华和严谨的结构创造赞叹不已。

盖茨黑德千禧桥 4 （纽卡斯尔）

入夜，桥上特殊设计的电脑控制可变色灯光和两岸的万家灯火交相辉映。闪亮的桥在水面上投下美妙的倩影，格外迷人。如此美轮美奂，给人以梦幻般的享受。

盖茨黑德千禧桥 5 （纽卡斯尔）

泰恩桥（纽卡斯尔）

绿色的泰恩大铁桥是公路和人行两用桥，是远近闻名的最雄伟的大桥。该桥1928年建成，因为以泰恩河而命名，所以成为这座城市历史上最著名的大桥。大桥从河岸古老的建筑上方跨越对岸，将城市连为一体，它见证了两岸的工业兴衰。

伟岸的钢铁身躯让人不禁回想昔日的工业大国那一片繁荣的景象。

泰恩桥 1 （纽卡斯尔）

高大的桥头堡好似纪念碑一样竿立着，与拱形桥身相呼应，给人雄壮、肃穆的感受。

泰恩桥 2 （纽卡斯尔）

远望这座钢铁巨桥，高大雄伟，与城市中的建筑相接、脉络相连。

泰恩桥 3 （纽卡斯尔）

泰恩河上另一座可转动的桥，桥会以中心桥墩为轴，向与河水水流相一致的方向转动，直到平行于两岸，使船通过。

摇摆桥（纽卡斯尔）

著名的大学城——剑桥是英文Cambridge的音译与意译合成的地名。就是剑河之桥的意思。这里确有一条剑河，在市内兜了一个弧形大圈向东北流去。河上修建了许多桥梁，或许这个城市名字便因此而来。

连接两岸古老的单拱石桥与周围停泊的木船组成一幅优美的景观。

单拱石桥（剑桥）

轻巧的桥身跨越两岸，简单而且明快，如同在两岸间划过一道流畅的弧线。

拱桥（剑桥）

多拱石桥掩映在周围郁郁葱葱的树木间，如同一幅田园风光的画卷。

多拱石桥 1 （剑桥）

平静的水面上静卧着一座单拱石桥，幽静、惬意。

单拱石桥（剑桥）

数学桥（剑桥）

著名的数学桥，又名牛顿桥。据说250年前建造时桥身均用 榫头连接，未用一个钉子和螺栓固定。后来剑桥大学女王学院的学生为探究这座桥的奥秘，曾把它拆开剖析，但却再也无法复原，于是只好用钉子重新固定成现在的样子。

实际上，这座桥是由詹姆斯·小埃塞克斯根据埃斯里奇的设计建造的。它展示出现代钢梁桥的雏形，其桥身的相邻桁架之间均构成11.25°的夹角。在18世纪，这种设计被称为几何结构，所以此桥得名“数学桥”。

石拱小桥（剑桥）

市井中的石拱小桥，好似“小桥流水人家”的江南水乡一般，颇有韵味。

数学桥（剑桥）

多拱石桥 2 （剑桥）

“桥东桥西好杨柳，人来人去唱歌行”般的自然景色。

叹息桥（剑桥）

这座著名的叹息桥建于1831年，连接了圣·约翰学院的老庭与新庭。它类似一座廊桥，分上、中、下三层。下层是半个椭圆形的桥孔，横跨在剑河上。中间是一条通道，即长廊。与其他长廊不同的是，它的道面不是平直的，而是拱形的。桥的两边是半封闭的，相互对称的五对用钢筋拦护的拱顶水泥框架的玻璃窗，用来采光。上层是顶层桥面，顶面的两边均衡地耸立着相互对称的塔尖状装饰。整座桥身的外观呈浅黄色。

有多种有关它的名字由来的故事，实际是由于它的结构与威尼斯的叹息桥相似而因此得名。

叹息桥（剑桥）

多拱石桥 3 （剑桥）

古老的石桥和周围的建筑融为一体，古色古香。

单拱铁桥（剑桥）

这座铁桥在黑色桥身上加上金色点缀，看上去雍容大雅。

连接相邻建筑的石拱天桥，传统的造型和周围的建筑体现了浓重的历史感。

石拱天桥（剑桥）

约克是英格兰东北部城市，北约克郡首府，并具有自治市地位。位于福斯河与乌斯河的交汇处，丰富的历史资产带动了约克的观光业，每年多达200万的游客使约克成为除伦敦以外，游客最多的英格兰城市。约克同时也以其巧克力工业及约克大学而著名。

桥 1 （约克）

敦实的石头桥墩承载着钢架桥身，桥的形象朴实无华。

古典小街的两端用一座银色的桥梁相接，再衬上不时往来于河面的红色小游艇，构成了小城美景。

在这里，古老的石桥处处可见，从中也反映出这里的人们对历史的一份珍惜。

桥 2 （约克）

桥 3 （约克）

桥 4 （温莎）

“落霞与孤鹜齐飞，秋水共长天一色。”人工设施与自然环境和谐共处，是人与自然的对话。

年迈的石桥已经不住大型器械的重压，但这不屈的脊梁依然还对行人发挥着应有的作用。

桥 5 （温莎）

桥 6 （格拉斯哥）

各式的桥梁演绎着它们各自的故事，就像是在不同的舞台上低吟着各自的歌曲。

看着古老的大桥，就好似听着儿时的童谣，让人感到放松、舒适。

桥 7 （格拉斯哥）

桥 8 （达勒姆）

高大的石桥既是小镇的重要通道，还是地标性的特色景观。

充满着中世纪欧洲的古典元素，就如同电影中所见的影像一般。

桥 9 （卡莱尔）

桥 10 (Charlerford小镇)

蓝蓝的天空、潺潺的河水、静静的气氛、高耸的大桥，构成了一幅田园美景。

桥 11 (Alnmouth小镇)

看着这小小的造型不由得想起盖茨黑德千禧桥，像是和我们开了一个英国式的小玩笑。

看过了宏伟的大桥之后，瞧着这乡间的木桥跨过浅浅的溪水，独具一番乡间的田园情趣。

桥 12 (Belsay小镇)

(二)街道景观

城市街道景观是城市街道景色与人文环境内涵的综合展示。

英国的城市街道格局的设计从城市的整体出发，体现和展示了城市的性格形象。城市中那些经年弥久的街景给人留下了深刻的印象，为城市的个性积淀奠定了基础。这是因为城市中具有历史意义的场所的建筑形式、色彩、空间尺度和生活方式，与隐藏在市民心中的社会价值观所产生的地域文化相吻合，因此能引起市民的共鸣，唤起对过去的回忆，产生文化认同感。

英国的城市街道绿化的形式是多种多样的。其形式的选择根据街道环境特色决定，例如，为了突出建筑景观的风貌特色，选择比较低矮的植物来衬托。街道绿化有其特殊性，其植物配置就变得最为重要。道路绿化的植物配置体现了多样化和个性化结合的美学思想；在场地条件允许的情况下，通过隔离带配置中、小乔木和花灌木，真正达到大、中、小乔木和花灌木的结合,让街道景观呈现层次化。

英国街道所陈设的雕塑小品、功能设施强调形式美观、寓意丰富、功能多样，设计创意体现了自然、有趣、活泼、轻松的特点，游人流连其间，仿佛置身于艺术长廊……

路边陈设的一支轮船尾桨，不禁让人联想起昔日泰晤士河上蒸汽轮船往来穿梭的热闹场景。

泰晤士河岸边休闲路 1 （伦敦）

泰晤士河岸边楼间林荫中的雕塑（伦敦）

拥有浪漫情怀的设计师幽默地将充满形式感的小树雕塑穿插于林荫间，通过异置的创作手法完成了具象与抽象，人工雕琢与自然环境的对话。

泰晤士河岸边休闲路 2 （伦敦）

路边的凉亭采用了现代的材料和简练的造型。

塔亭采用欧式尖顶建筑符号的同时融入波斯元素，凹凸有致，造型精美。

泰晤士河岸边休闲路 3 （伦敦）

人行通道的一侧采用石板浮雕的形式，记录了昔日泰晤士河繁荣的航运景象。

泰晤士河岸边休闲路 4 （伦敦）

泰晤士河岸边休闲路 5 （伦敦）

将座椅安置在花岗石基座上，方便休息的行人也能有良好的视野观赏泰晤士河景色。

某写字楼入口路径（伦敦）

借用建筑入口的下沉空间营造的庭内景观，红色的扶栏通过与绿植的色彩对比，在视觉上具有强烈的引导功能。

路边的水池和玻璃球体相互映衬，构成了一隅别致的艺术小景。

路边的景观（伦敦）

街边绿地（伦敦）

在路边通过用低矮的绿篱围合，划分了一处可以驻足的休闲空间。

用陈设的植物调和了现代建筑材料的生硬感，丰富了街道景色。

某写字楼入口（伦敦）

箱体栽植的绿化与白色建筑物的对比，凸现了色彩的对比，增加了环境的自然因素。

花坛（伦敦）

路边树荫下供人们休憩的长椅。

街景（爱丁堡）

姹紫嫣红的花丛、色彩漂亮的小舢、救生圈，构成一处具有超现实主义情趣的小品，明示了海港城市的寓意。

路边的景观造型（纽卡斯尔）

步行街边的花坛，如同一座雕塑，丰富了街道景观。

路边花坛（格拉斯哥）

街边绿地（约克）

巧妙的指北罗盘的石雕与周边草坪的呼应形成一处视觉中心。

五 住宅景观

住宅园艺景观是景观设计中重要的组成部分，与人们的日常生活紧密相关。住宅园艺景观从小的方面可以反映一个家庭的生活状态和生活品质；从大的方面来说，可以较为全面地反映一个国家的经济发展水平、文化传统、人文风俗风貌。可以说，住宅景观就是生活在繁忙大都市中的人们，与自然的一种邂逅，虽平淡无奇，却是韵味悠长。

住宅园艺景观就其本身而言，有着自身独特的一面。在高楼林立的城市之中，住宅景观就像是一坛尘封已久的美酒，一旦开启就芳香四溢；又像是一碗沁人心脾的淡茶，清新而醇厚；还似一曲魂牵梦绕的弦乐，令人品赏。总之，能够安抚人们焦躁的心情、缓解疲惫的身心，这就是住宅园艺景观。

“一个高度可意象的城市，应该看起来适宜、独特而不寻常，应该能够吸引视觉和听觉的注意和参与……”（凯文•林奇《城市意象》）。可意象性的城市面貌，无疑在于城市景观，而作为城市景观最为重要的组成部分之一的住宅景观，就必须具备可意象性。从自然条件上来说，住宅园艺景观包括场地的地形、地势、起伏变化，以及水文因素、植物品种、植被覆盖率及其他的自然条件要素。从人文方面来讲，就要挖掘历史背景，去追溯以往的人文元素。从设计方面，采用唯美的、戏谑的手法，从不同的角度，以不同的方式，营造出景观创意的独特性。

英国以自然风景为特色的住宅园艺景观的历史可以追溯到17世纪，形成具有深厚的文化底蕴、高超的园艺技术和独特的艺术流派。从“庄园园林化”时期的以因地制宜、在景观营造中找寻“当地的灵魂”，使其形象具有环境特征为特色，到“画意式园林时期”的追求意境，再发展到以培植名木异卉和奇花异草、树木和植物形象以艺术的造型为特色的“园艺派”，逐渐成为19世纪的主流，对世界园艺景观艺术的发展产生了很大的影响。

英国的住宅园艺景观从宏观上来说，融汇并展现了东西方文化的差异；从微观上来讲，亦折射出普通民众崇尚自然的生活情调。一旦设计与人们的日常生活相贴近、与内心情感相碰撞，那就如同一种惬意的生活方式而被人们所接受、所喜爱。

温莎城堡（伦敦）

建造于1070年的温莎城堡是英国至今为止仍有人居住的最大的城堡，这座中世纪的古建筑四周是绿色的草坪和茂密的森林。城堡内起伏、错落的地形，名花异草构成皇家景观的恢宏形象。

温莎城堡 1 （伦敦）

温莎城堡 2 （伦敦）

住宅 1 （纽卡斯尔）

幽静的小路、古朴的宅邸，在精心培植的花木掩映中，显现出绅士般的气度。

住宅 2 （纽卡斯尔）

住宅前的园圃简单、含蓄，显现出质朴、自然的韵味。

宽阔的草坪、层叠的花卉，衬托出质朴的建筑，构成了轻松、愉悦的景象。

住宅 3 （纽卡斯尔）

住宅 4 （纽卡斯尔）

小巧的庭院、精美的花苑，人与自然亲密无间。

住宅 5 （纽卡斯尔）

幽静的小路蜿蜒而入，散发着浓郁的田园气息。

住宅 6 （纽卡斯尔）

精心修剪的树篱围墙，颇具艺术个性，像是在向路人不露声色间显露的诙谐，增添了一份幽默的情趣。

住宅 7 （纽卡斯尔）

门前小院舒适安逸，感受到一种轻柔、宁静的气氛。

住宅 8 （纽卡斯尔）

庭院内的荡椅，平添了一份童趣，散发着浓郁的生活气息。

住宅 9 （纽卡斯尔）

绿色的植物、花卉围抱着用深色的砾石铺就的庭院，几方石板为径，独特的创意，设计感味道十足。

住宅 10 （纽卡斯尔）

典型的英国民居庭院。城市中方寸间的前庭、后院，精心打理的园艺景观，使你仿佛置身于鸟语花香的大自然中。

住宅 11 （纽卡斯尔）

小巧的庭院布置得好似花卉的陈列展，展示着主人各色的盆景和不凡的技艺，可见小院的主人对植物的喜爱。

住宅 12 （纽卡斯尔）

园里花坛内的植物布置得颇具匠心，独植与群栽交相呼应，展现了个体突出、群体映衬的设计效果。

窗前的园圃简繁有致，斑斓的花草簇围着平坦的草坪，不大的庭院倒显得张弛自然。

住宅 13 （纽卡斯尔）

住宅 14 （纽卡斯尔）

不规整的小小庭院，精心规划了规整的图形草坪和小径，显现了小中见大的艺术特点。

没有门前的庭院空间并不能阻碍人们与自然的亲近，繁茂的植物修剪得错落有致，显现出英国园艺景观的艺术特色。

住宅 15 （卡莱尔）

住宅 16 （纽卡斯尔）

建筑前方的一隅植物小品、几丛球状的草篱，相互穿插、错落，灵气盎然。

住宅 17 （纽卡斯尔）

采用原生态的砾石围合成一簇花坛，精美的花卉与粗糙的石块形成对比，肌理上的反差使自然的气息更加浓郁。

颇具现代特色的庭院景观，简约而不简单。

住宅 18 （纽卡斯尔）

住宅 19 （纽卡斯尔）

层叠的绿植与修剪成形的灌木球相互配置，使景色更加充盈、丰富。

小院装扮成一个私家的花园，多情的花卉攀爬在石墙、庭架上，建筑与植物完美融合了。

住宅 20 （纽卡斯尔）

六 夜景照明景观

当今的城市夜晚，灯光照明赋予了城市生动的夜晚景观。在通过照明艺术装扮过的夜景中，青春的气息、沧桑的历史、浪漫的氛围……使城市变得更具活力。放眼望去，城市好似星空般迷人，展现了丰富多彩的城市光的文化。

英国的城市的夜景照明，大都有统一的灯光色调，使周围环境相融在谐调的氛围之中，突出了城市的整体性。城市里一个个区域夜色照明景观，形成了城市的整体景观照明特色。通过感受英国的城市夜景照明景观，可以看到城市照明大环境的共性，每一组小景观通过各异的照明方式、照明技术，焕发着各异的勃勃生机。在人们欣赏灯火阑珊般景色的时候可以发觉，各色的夜晚景观好似在共同的音乐节奏中，但却演绎着不同风格的曲目，传递着深邃的意境。

英国的城市夜景照明在照明方式上，由于表现对象的不同而有所差异，所以人们在观赏的同时就会产生景观的地域感和归属感。为了使表现对象得到充分展现，照明手段也就会出现截然不同的方法。这种差异性取决于街区内的功能，功能最终决定了照明的针对性与方向性。在这里有古典的教堂等历史性建筑，这需要让灯光展现建筑的宁静与优雅，尽展往事遗留在城市中的印记以及百年积淀的文化，记忆与沧桑弥留在城市的肌理中，使城市变得浑厚、博大；这里也有极具形式感的商业建筑，多变的照明方式使店面四壁生辉，吸引着人们的视线，使人们不觉间融入到时尚、前卫的氛围中；还有反映城市文化气息的中心广场、景观小品，迷离的色彩渲染出浪漫的气氛，斑斑灯光倾诉着异乡之情，异域景色让人难舍，文化的独特性跃然眼前。

夜景照明就是利用灯光将照明的对象加以重塑，并有机地组合成一个和谐、优美、壮观和富有特色的夜景图画，以此来表现一个城市或地区的夜间形象。城市的艺术美要通过方方面面来加以体现，这种美是一种感受、一种体验、一种氛围，是与人们的内心世界相沟通的，其是技术与艺术的结合，带给人们无尽的愉悦享受。

现代的照明技术诠释着昔日的辉煌，暖色的照明色调把建筑的雄伟、肃穆烘托出来。夜幕之中，伴着潺潺的泰晤士河水，建筑更加璀璨，塑造了能够代表英国形象的夜晚景观。

大本钟、国会大厦 1 （伦敦）

国会大厦（伦敦）

采用多重照明的方式，将错落有序的古典建筑烘托得虚实相间，富有层次感，形成了夜晚区域环境中的视觉中心。

泰晤士河夜景（伦敦）

在多变的照明塑造下，河水映印着河岸的建筑，婆娑的倒影美轮美奂。

伦敦著名的“伦敦眼”观景转轮，多彩的照明变化构成了城市中心标志性的夜晚景观。

国际剧院 1 （伦敦）

以简洁的体块造型为造型特征的现代建筑，通过灯光艺术的塑造，如同一尊光的雕塑。

不同时期所变化的色彩，隐喻了不同的主题展示，给人以不同的内心感受，比如红颜色的主色调营造出了热烈、奔放的气息。

国际剧院 2 （伦敦）

泰晤士河沿岸的建筑夜景照明 1 （伦敦）

采用统一的暖色系照明色调，充分展示了古典建筑的风格魅力。

泰晤士河沿岸的建筑夜景照明 2 （伦敦）

在重大活动期间，将主要建筑采用鲜艳的红色照明色彩，传递了特定的寓意，强化了特定的景观主题。

玻璃幕墙内的灯光照明采用冷色调，与相邻的暖色调照明的古典建筑形成色彩对比，使现代感十足的影院形象分外鲜明、突出。

滑铁卢的IMAX影院（伦敦）

塔桥 1 （伦敦）

伦敦的塔桥已有百年的历史，淡黄色的灯光烘托出大桥伟岸的身躯。

塔桥主、副桥塔通过照明的塑造，充满了艺术感染力。

塔桥 2 （伦敦）

在夜色中，熙熙攘攘的汽车穿过高耸的塔楼，形成了动、静相间的光的艺术。

塔桥 3 （伦敦）

特拉法尔加广场是英国伦敦的最大的著名广场，坐落在伦敦市中心，是伦敦的名胜之一。特拉法尔加广场也是英国人举行政治集会和示威游行的地方。在广场中心，竖立着威廉·雷尔顿设计的52m高的圆柱形纪念碑，石柱上端挺立的5.3m高的纳尔逊全身铜像是雕塑家贝利的作品。石柱底下是高大的方形石座和多层台阶，石座的四壁镶着纳尔逊生平所指挥的4场著名战役的铜雕，最低一层台阶的四角，安放着埃德温·兰西尔爵士雕塑的4只大铜狮子。圣诞节夜晚的广场夜景，流光四溢，充满了艺术气息。

特拉法尔加广场（伦敦）

教堂照明在满足基本功能的条件下，使钟楼得到充分的展现，塑造了教堂的崇高与神圣的意境。

圣马丁教堂（伦敦）

通过灯光强度的变化，强化了建筑的层次感和节奏感，形象地诠释了“建筑是凝固的音乐”。

国家画廊（伦敦）

简洁、明快的色彩，主次分明的对比性照度，营造出与广场气氛相协调的优美、宜人的环境。

白金汉宫前的胜利女神雕塑群（伦敦）

精心的照明布光设计充分展示了这座标志性建筑的性质、形式和风格，古典建筑的结构和材料特征在灯光下，都富有感染力地展现在众人眼前。

海军门（伦敦）

该教堂是11世纪哥特式建筑的旷日杰作，在光雕照影的塑造下，建筑的魅力尽展。

西敏寺（伦敦）

用灯光再现建筑的夜间景观形象，在布光设计上除了考虑建筑的独特形态，还注意了与周围环境的协调。

微弱的甬道灯光径直引向主体建筑，就好似一曲史诗般的乐曲的序曲。高大、恢弘的建筑被冷暖的对比灯色充分地展现。

帝国战争博物馆（伦敦）

威斯敏斯特大教堂（伦敦）

利用点点相连的串灯，直接勾画了变化丰富的建筑物轮廓，给人以闪烁的雕塑般的视觉效果。

哈罗斯百货公司（伦敦）

圣诞节期间著名的商业街街道上装饰的灯光如彩带般轻巧、别致，塑造了浓郁的节日氛围。

牛津街（伦敦）

暖色主调中点缀的蓝、紫和明绿灯色，使高雅的建筑好似盛装的佳丽，夺人眼球、引人注目。

牛津街的商业建筑 1 （伦敦）

牛津街的商业建筑 2 （伦敦）

从景物的空间环境出发，综合利用多元照明方式，对景物赋予最佳的照明形象，适度的明暗变化、清晰的轮廓和阴影、装饰性灯饰的点缀，充分展示了建筑的形态特征和艺术内涵的照明景色。

采用密集的灯珠，组合构成了冰莹剔透的几何形体造型，显得格外清丽，充满了现代设计的形式感。

牛津街的商业建筑 3 （伦敦）

炫彩的灯光色彩将华丽的建筑装扮得更加耀眼，散发着十足的商业味道。

牛津街的商业建筑 4 （伦敦）

牛津街的商业建筑 5 （伦敦）

冷、暖相间的射灯把古典建筑烘托得既庄严肃穆，又有华丽的活力。

建筑外檐的点光源装饰灯带将建筑主体装扮得充满了节日的气氛。

牛津街的商业建筑 6 （伦敦）

用“点”的方式连聚成片，重塑了建筑的夜景形象，又用淡黄色的字体灯光加以点缀，具有很强的艺术感。

牛津街的商业建筑 7 （伦敦）

牛津街的商业建筑 8 （伦敦）

典型的都铎式建筑在质朴的黄色漫射光映照下，更显得古朴、内敛，一层商铺灯光强度高是为了满足功能和装饰上的照明，各层室内的点点灯光也成为整体照明的重要组成部分。

古典建筑中多样的装饰构件在巧妙的照明布光照射下，各具特色、瑰丽炫目。

牛津街的商业建筑 9 （伦敦）

红红火火的建筑照明强化了喜庆的气氛。

牛津街的商业建筑 10 （伦敦）

Domioion剧院（伦敦）

剧院门面光怪陆离的灯光营造了个性张扬、不羁的效果，令人兴奋。

繁华的商业街人头涌动，商家也会利用绚丽的灯光效果，来吸引人们的注意。

利用灯光将被照建筑和它的背景分开，使景物背景保持黑暗，并在其中形成轮廓清晰的影像。

牛津街的商业建筑 11 （伦敦）

牛津街的商业建筑 12 （伦敦）

牛津街的商业建筑 13 （伦敦）

统一的冷色调添加浪漫的紫色，唤起人们无尽的联想，同时也提升了店面装饰的格调与品位。

牛津街的商业建筑 14 （伦敦）

新颖的光照角度，给建筑带来渐变的灯光效果；科技的进步，给照明带来跨越式发展。

古朴的建筑在柔和的灯光装饰下，散发着恬静、闲适的情调。

街边饭馆（伦敦）

黄昏的街道（伦敦）

夜色迫近时的教堂照明，用灯光烘托出建筑挺拔、神圣的形象。

科芬园集市（伦敦）

集市的夜晚，人们在暖暖的灯光下聊天、小酌，享受着平实、悠闲的生活。

古老的教堂，昏黄的灯光，使那种神秘感显得更加浓厚。

大教堂（约克）

泰恩河畔音乐厅（纽卡斯尔）

由著名的建筑师诺曼·福斯特设计的纽卡斯尔市泰恩河畔音乐厅运用光学原理和超现代的设计手法，将时尚的现代艺术氛围体现得淋漓尽致。建筑表皮采用了透明和单反玻璃，入夜，建筑内的照明巧妙地里光外透，构成了一座光的立体构成佳作。

流经市中心的泰恩河旁的现代艺术馆建筑立面上展现的平面光构成艺术作品，它依附在建筑物墙体上，如同一幅以色块组合而成的抽象形式光绘画，富于韵律与节奏，表现出简约的抽象美感，与周围的景观明度与色相上都形成了强烈的反差，产生了对比鲜明的视觉效果。

现代艺术馆（伦敦）

采用光幻的照明手段，使建筑的主立面充满了动感，好似巨大的光的雕塑，使商场建筑格外醒目，充满了现代的时尚风范。

远郊的商业中心（伦敦）

七 公共设施景观

(一)服务设施

服务设施一般是指满足市民日常活动所需要的自助式公共设施。

英国的公共服务设施设计的功能性强、新颖美观，体现了所处城市的风格与特色。这些设施具有便捷、易用的特点，体现了人文关怀，考虑到了残疾人等特殊人群使用的安全和方便，一般的服务设施还会有盲文说明。这些服务设施的材质坚固耐用，便于维护与清洁，同时兼顾了环保与节能。服务设施一般都位于交通要道、人流量较大的地方，例如街道旁、地铁或火车站的出入口、广场的中心、停车场的出入口等位置，服务设施的色彩亮丽，占地面积较小，但是视觉效果非常突出，易于人们识别。

1. 指示设施

英国的公共指示设施是为市民和游人清晰地传递该区域内各类公共场所的位置、相关信息而设置的公共设施，这类设施为人们提供了一个良好的方向认知和信息受知。指示设施一般以广告牌、指示屏或是立体雕塑的形式出现在人们的面前，材料的选择多样，颜色鲜亮。在设计上，指示设施考虑到各类人群的文化水平的差异、理解能力的不同、形象认知能力的高低和无障碍识别能力的需求，方便使用者可以不借助他人的帮助，通过科学的指示设施所传达的信息就可以无障碍地满足其各自的认知需要。

触摸式显示屏的设计更方便查询。现代感的造型和鲜艳的色彩，在绿荫中非常醒目，便于识别。

自助式公共信息设施 1 （伦敦）

同类型的这个显示屏在色彩上与周围环境相融合，给人一种和谐的感觉。

自助式公共信息设施 2 （伦敦）

自助式公共信息设施 3 （纽卡斯尔）

圆柱形的设计是为了街中心放置的使用需要，色彩上以洁净的白色为主，尽管无任何陪衬，同样成为街头一景。

自助式公共信息设施 4 （纽卡斯尔）

自助式公共信息台高度适中，为残疾人和儿童使用提供了方便。

大英博物馆指示牌（伦敦）

大英博物馆内的指示牌简洁、时尚，清晰地为游客指示着各个场馆的位置。

某写字楼指示牌（伦敦）

用不锈钢材料制作的曲面体指示牌，庄重、大气，不仅具有指示作用而且还似一尊现代雕塑。

交通指示牌（伦敦）

这个三角形的车站指示牌，在设计风格上与周围的环境相呼应，既美观，又可以方便游客从多角度获取信息。

景点指示牌 1 （纽卡斯尔）

景点指示牌造型简练，美观实用。

景点指示牌 2 （南安普顿）

古老的城墙前的黑色、古朴造型的景点指示牌，使历史的岁月更加形象地显现。

景点说明牌（卡莱尔）

采用英国传统铁艺锻造的景点说明牌，不但可以方便游客深入了解景点信息，同时还使游客欣赏到了传统手工艺的艺术特色。

街区指示牌（纽卡斯尔）

设在通往城市各街区道路的岔路口边的指示牌，使方向的识别一目了然。

市区景观立体模型 1 （爱丁堡）

市区景观立体模型 2 （爱丁堡）

英国的一些城市的市中心，往往陈设中心区域的景观立体模型，一般采用铸铜工艺制作，把看似大而散的城市，聚集在盈尺之间。它形象地、直观地将街区、建筑、地形地貌立体地展示，每条街道和著名的建筑还表明了名称，甚至还有的铸上了立体的盲文，使游人尤其是盲人直观地了解了城市区域形态。它既是一个城市的立体形象，还是一个独具特色的艺术品，生动地显现着该城市的人文关怀，体现了一个城市的文明程度。

市区景观立体模型 3 （格拉斯哥）

市区景观立体模型 4 （格拉斯哥）

市区景观立体模型 5 （纽卡斯尔）

市区景观立体模型 6 （剑桥）

市区景观立体模型 7 （剑桥）

2. 候车站

候车站、亭是给候车的人们提供的可以等候车辆的特定设施，候车站、亭是市民生活中不可缺少的服务性设施。

英国各个城市的候车站、亭的设计构造坚固、形式简洁美观，候车亭除了具备为乘客遮风挡雨的基本功能外，有的还具有多个功能，比如电话、垃圾箱、投币售报机、座椅、信息展示、广告宣传等的利用，方便了乘客。有的还设有残疾人专座、醒目明了的城市地图（地图上的城市主要景点以图样的形式出现），配有文字说明。有的候车亭还设有洗手设施。广告栏一般位于车站的两端，面向人行道，垂直于道路，面积虽不特别大，但视觉效果非常好。至于候车亭的造型，很多甚至称得上为街头雕塑作品。

车站内各类信息的发布显示设计的科学、醒目。室内环境设计得简洁、舒适，为乘客候车提供了方便。

公交汽车终点站（纽卡斯尔）

(National Express) 长途车站 (纽卡斯尔)

公交车站 1 (纽卡斯尔)

英国人称长途汽车为Coach，原是古代一种箱形的附有车顶的双门四轮大马车。随着时代的前进，Coach的形态与性能均发生了巨大的变化，只有这种称呼保留了下来。Coach客运站及停靠点多设在城市中心附近，规模较小，但设计形式和功能设施均很现代、科学。

透明玻璃和银色金属材质的组合，简洁明快的直线造型，与周围的环境相协调，让人们在轻松自然的环境中等候车辆。

黑色支柱与路旁栏杆在色彩和造型上相互协调，搭配了红色的座位，浑厚中又显得醒目。

半圆形透明材料顶棚的设计与相邻的半圆形音乐宫以及蓝天白云相辉映。两个出入口的设计方便了候车人上下车。

公交车站 2 (纽卡斯尔)

公交车站 3 (纽卡斯尔)

公交车站 4 （纽卡斯尔）

白色长形靠背的设计便于候车人短暂地休息，硕大的灯箱既便于广告信息发布，还可以遮挡风雨。

公交车站 5 （纽卡斯尔）

尖顶形的顶棚设计，和周围尖顶的房屋如出一辙，黑色的配色与大片的绿色草地相映衬，为小镇的田园气息平添了时尚的亮点。

位于街道旁的车站，就如同一座小型建筑与周围繁华的街区融为一体，宽阔的尺度增大了候车的空间，沉稳的绿色给人舒适的感觉。

公交车站 6 （伦敦）

有色玻璃材质起到了很好的遮阳作用。

公交车站 7 （伦敦）

公交车站 8 （爱丁堡）

公交车站 9 （格拉斯哥）

爱丁堡是一个历史悠久、风景秀丽的文化城市，素有“北方雅典”之称。候车亭的框架采用的银白色与乳白色的建筑相协调，与翠绿的植物组成了一幅令人心旷神怡的风景画。

候车亭的结构充分考虑了地面倾斜的特点，给人一种平衡感。

利物浦是一个具有悠久历史的港口城市，亮丽的黄色和现代风格的候车亭在散发着浓郁的历史感的街道景观中，显得格外的醒目。

简洁的造型，还有黄、蓝、灰相间的色彩搭配，都给人清新、时尚的视觉享受。

公交车站 10 （利物浦）

公交车站 11 （利物浦）

公交车站 12 （卡地夫）

整个候车亭的色彩以绿色为主，充满了环保与整洁的气息，造型上简洁大方、优雅。广告牌的红色与绿色相对比，吸引着路人的视线，达到了很好的商业宣传的效果。

以灰颜色为主，与周围环境融为一体，红色座椅的摆放使设计沉稳却不沉闷。

公交车站 14 （牛津）

公交车站 13 （剑桥）

车站设计给人很强的工业构件的形象，无论从造型或色彩的设计上都具有很强的现代感。

狭长的候车亭是为了减少对狭窄的人行路的阻隔；不锈钢的框架材料凸显了金属的质感，烘托了商业街头的繁华。

公交车站 15 （布莱顿）

公交车站 16 （约克）

车站的设计由简练的直线组合而成，绿色与周围环境相配合。

公交车站 17 （约克）

在古城墙边的候车亭采用了木材、石材等传统的建筑材料和传统的风格造型，具有浓厚的装饰风格。

3. 邮筒、电话亭

邮筒和电话亭是人们生活中不可缺少的公共设施。

邮筒是投寄信件的一种邮政设施，凡是有人聚居的地方，就一定有邮筒。放置在世界每一角落的邮筒，各具特色，从形状、颜色、字体、标志等，都能见证地域文化及时代变迁，无论风吹雨打还是战争洗礼，散布在地球各个角落的这种邮政设施，为我们的信息传递默默地值守着。

电话亭是人们进行时时联系的必要设施之一。在城市街道、广场以及公共活动场所等人流量聚集的地方，公用电话亭按照安装位置划分，可分为室内电话亭和室外电话亭；按照封闭性可把电话亭分为全封闭型、半封闭型（不设隔门）和半露天型（固定在支座或墙柱上）；按照设置电话机的数量可分为独立式、两台并列式和多台集中式。常规情况下，环境空间状况、人群流动密度因素决定着电话亭的形式及电话机的设置。

感受英国可从被漆成了醒目的红色的邮筒和电话亭开始。

英国的邮筒极具特色，每一个看似普通的邮筒，谈不上美观，但容量大，投信口也大。英格兰的邮筒从左至右分别是海外函件投信口和英国国内及欧盟函件投信口，邮筒正面的皇家徽记，仿佛被打上了历史的烙印。

温莎的邮筒：邮筒上，最醒目的标志是金黄色的皇冠，皇冠下面是E、R两个字母，字母之间有个罗马数字“Ⅱ”，下面写着“ROYALMAIL”（皇家邮政）。EⅡR的标记，代表的是伊丽莎白二世。

邮筒 1 （温莎）

邮筒 2 （温莎）

邮筒 3 （温莎）

镶嵌在建筑物墙内的长方形邮筒节省了占地空间，是爱德华七世时代的邮筒。

电话亭 1 （伦敦）

散布在伦敦街头的红色的电话亭，历经时光的洗礼，样式经久不变，成为城市的另一个标志性公共设施。电话亭里面朝门对面的中部，安装着卡片式的金属壳电话机，话筒线很长，从儿童到成人高度都适宜。它既是便民的设施，也是城市的一道独特风景。

电话亭 2 （纽卡斯尔）

黑色的框架色调显得坚固、沉稳，上方黄色的灯又使电话亭在夜晚分外醒目。

商场内的壁挂式电话节省了占地空间，红色的电话标志方便识别。

电话亭 3 （纽卡斯尔）

纽卡斯尔的这种电话亭有一种很强的商业气息，电话亭的壁面都可以用于广告信息的发布，它的整体色调与城市穿行的公共汽车一致，人可以站靠在里面方便地打电话。

电话亭 4 （纽卡斯尔）

电话亭 5 （爱丁堡）

电话亭 6 （纽卡斯尔）

多部电话的序列设置设计，适合于火车站以及人流较多的场所，免去了人多时候的等待。

火车站台上的圆柱形的设计，增强了电话亭的功能性，与其所处的环境协调，高度适中。

组合式的多边形电话亭，简约的风格有很强的现代感。

悬挂在墙壁上的电话节省了室内空间，人可以倚靠在墙壁上使用。

电话亭 7 （爱丁堡）

电话亭 8 （爱丁堡）

电话亭 9 （牛津）

玻璃与不锈钢材料的搭配。具有简练的现代感。

电话亭10 （牛津）

商业街上的电话亭，下方的坐台式设计方便了使用者。

4. 其他设施

火车站的自助式取票机：通过网络购票，在火车站设置的自助式取票机上取票，操作简单，使用方便，提高了出行效率。造型设计简洁大方、色彩醒目。

火车站的自助式取票机 1 （纽卡斯尔）

火车站的自助式取票机 2 （爱丁堡）

自助式照相亭（纽卡斯尔）

路边的吸烟室（伦敦）

自助式照相亭不仅节约了人力，而且让人们在没有他人注目的情况下自行拍照，表情更加放松、自然。

在公共环境禁烟的区域设置的吸烟室为烟民提供了方便，也有效地防止了空气的污染。

太阳能自助式停车场刷卡机既节省了人力又节约了能源，在能源紧缺的今天，其优势是显而易见的。

储沙容器是为了冬季下雪时方便撒沙防滑使用。色彩鲜艳，造型美观。

太阳能自助式停车场刷卡机（纽卡斯尔）

坡道旁的储沙容器（纽卡斯尔）

（二）无障碍设施

无障碍设施，是指为了保障残疾人、老年人、儿童等群体的安全通行和使用便利，在建设项目中配套建设的设施。

无障碍设施主要是指建筑物和道路，包括交通工具无障碍、信息和交流无障碍等。从建设部门来看，多指无障碍设施；从整个社会来说，多指无障碍环境。

英国的公共环境无障碍设施设置完备，方便了人们参与各种活动。

按照不同使用功能细分的厕所指示牌（布莱顿）

为适合不同的人群，洗手间分两种形式建造，醒目的指示牌让人一目了然，给人们尤其是残疾人群带来了极大的便利。

1. 厕所

在公共场所设置的专为残疾人使用的厕所，已经是公共服务系统的基本设施。体现了现代社会的人文关怀。

为了残疾人出入方便，专用厕所都采用了电动门，醒目的开门开关及高度非常适合残疾人的使用。

大英博物馆内的厕所标识（伦敦）

现代艺术展览馆内的残疾人专用厕所（纽卡斯尔）

现代艺术展览馆内的残疾人专用厕所 1（纽卡斯尔）

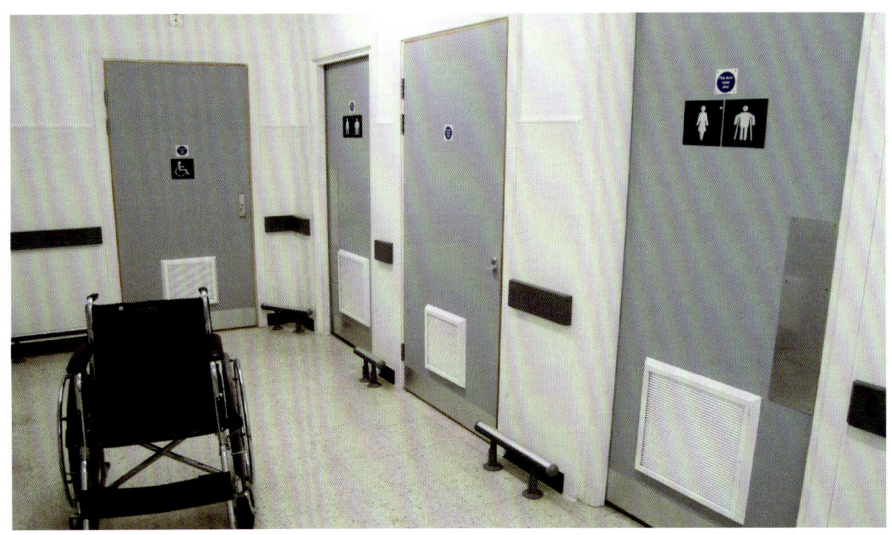

现代艺术展览馆内的残疾人专用厕所 2 （纽卡斯尔）

洗手间的墙壁上安装了各类辅助残疾人使用的扶手和设备，它们近乎完美的功能组合以及厕所内宽敞的空间极大地方便了残疾人的使用。

在公共场所不仅为正常人配置厕所，为残疾人也配置了专用厕所和专用设施，充分体现了对弱势群体的关怀。

火车上的厕所的人性化设计处处可见，车厢两端的轻触式电动推拉车门为残疾人进出提供了方便，宽大的厕所门，使残疾人的轮椅可以进出自如。

厕所内的各个部分采用了流线型设计，安全性强，造型美观，使用方便。

火车上的厕所 1

火车上的厕所 2

园艺博物馆内的厕所 1 （伦敦）

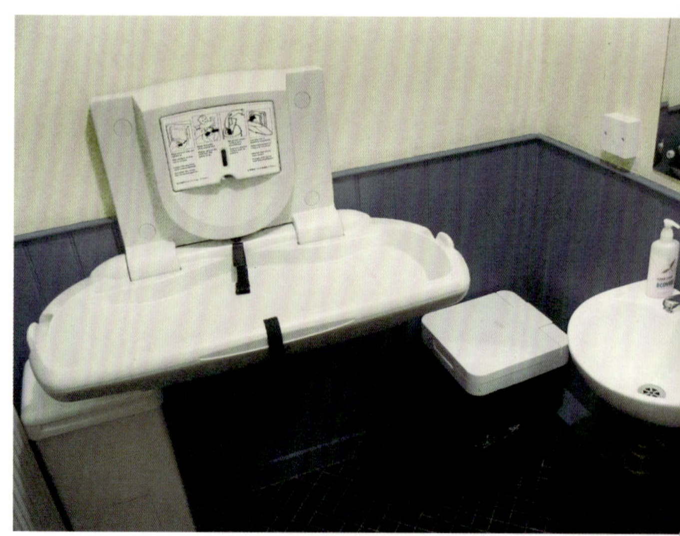
园艺博物馆内的厕所 2 （伦敦）

厕所内安装了安全放置婴儿的设施，使怀抱婴儿的人可以安心的如厕

专为残疾人设计的无障碍厕所，里面设有坐便器，坐便器旁还有供残疾人使用的扶手，间距适中，为残疾人的使用提供了便利。

园艺博物馆内的厕所 3 （伦敦）

自助式投币厕所 1 （格拉斯哥）

这款自助式投币厕所造型美观大方，不仅实用，对周围的环境也起到了装饰作用，其背面还可以陈设广告，而收取的广告费用正好作为维持厕所之用，可谓取之于民、用之于民。

自助式投币厕所 2 （纽卡斯尔）

城市街头自助式投币厕所内采用无障碍设计，方便了市民及游客的使用。

这款为集会而设置的临时公用厕所放置在街道边，给人们带来了极大的方便，既美观又实用。

为公共活动设置的临时厕所 1 （伦敦）

这款为大型公共活动设置的临时厕所造型简洁实用，把它放置在僻静的草丛中，远离人群，有效地防止了污染，而标志醒目、易于寻找。

为公共活动设置的临时厕所 2 （纽卡斯尔）

2. 交通工具

专为残疾人和行动不便的人设计的无障碍交通工具，给他们的生活出行带来了极大的便利。这一方面反映了现代社会的人文关怀，另一方面还是高水平的生活质量的体现。

无障碍交通工具有轮椅“专座”，并用专门的工具固定轮椅，上车处设置了供残疾人轮椅上下车用的可抽拉踏板。无障碍公交车大都具有底盘升降系统，汽车进站时整个车厢将向车站方向倾斜下降，这样不论是残疾人的轮椅还是推婴儿车的乘客都可以很轻松地上下车。

无障碍公交车色彩醒目，容易识别，地板比较低是这种车型的特征，宽大的前风挡和侧面车窗，使车厢内显得宽敞明亮。车厢地板距离地面比较近，一般脚踏板只有一级，没有台阶，即便是腿脚不灵便的老人，也可以轻松地一步上车。

残疾人专用交通车 1

宽敞的内部空间设计可以容纳为残疾人士设置的各类专用设备。

自动升降平台放下，残疾人可以自己驱动轮椅进入平台。

可以通过自己控制平台升起，进入车厢。

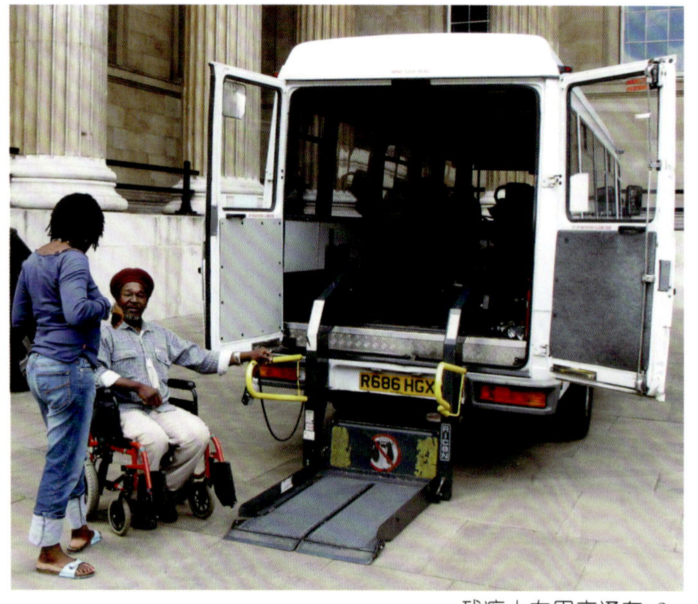

残疾人专用交通车 2

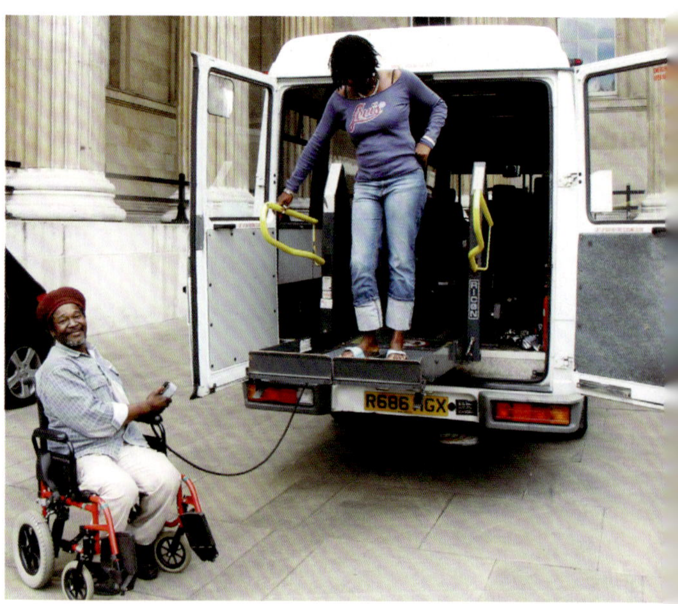

残疾人专用交通车 3

残疾人专用交通车 4

残疾人专用交通车 5

将黄色的踏板折叠收起。

侧车门处也作了专门的升降式台阶设计，残疾人上下车时，车门的踏板处可以伸出一块与车门同宽的防滑垫板，在车辆与站台之间搭起一条平直的通道，使坐轮椅的残疾人和行动不便的老人能顺利上下车。

将升降台阶提升收起。

将踏板放下，坐轮椅的乘客就可以被推入车厢并将轮椅固定，保障安全行驶。

残疾人专用交通车 6

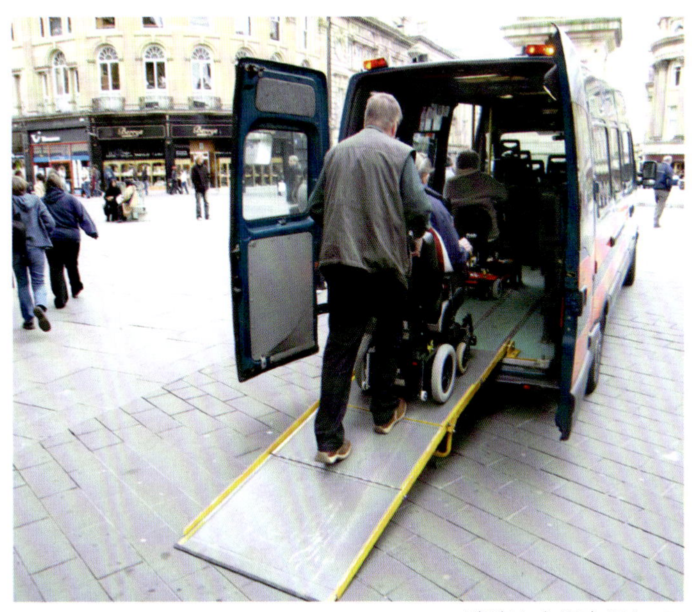

残疾人专用交通车 7

无障碍公交车 1 （纽卡斯尔）

该款无障碍公共汽车前后门均为无台阶式设计，当车辆停靠时，踏板可以从车身底部伸出，搭在车辆与人行道之间，使轮椅、儿童车可以顺利地被推上车。

无障碍公交车 2 （爱丁堡）

这款公共汽车的底盘可以升降，降低后几乎和人行道的高度相近，方便推着轮椅或儿童车上下车。

大英博物馆的残疾人专用升降通道设施，超宽的入口可以让轮椅轻松进出。

维多利亚博物馆的残疾人专用升降通道设施，简单、易操作，残疾人可以自助通行。

大英博物馆的残疾人专用升降通道（伦敦）

维多利亚博物馆的残疾人专用升降通道（伦敦）

海军博物馆的残疾人专用升降通道（伦敦）

虽然建筑历经百年，但是改建后的残疾人专用升降通道，使乘坐轮椅的残疾人可以方便地上、下，参观游览。

3. 通道设施

无障碍通道主要包括：建筑物的无障碍坡道、入口，室内设置的无障碍电梯，停车场内的残疾人专用停车泊位、城市无障碍道路等，使残疾人可以像正常人一样无障碍地参与社会活动。

在道路维修的地段设置的栅栏，红白相间的颜色极其醒目，让过往车辆能及时地绕开维修路段，保障通行安全。

在不便于残疾人通行的台阶上临时搭建斜坡通道踏板，轮椅可以通过斜坡通道上下，坡道器材采用醒目的黄颜色，可以让通行者及时辨别。

道路施工临时通行的设施 1 （伦敦）

道路施工临时通行的设施 2 （伦敦）

音乐宫的残疾人专用电动门 （纽卡斯尔）

专门为残疾人设置的专用电动门，残疾人可以自主地控制电动门的开关，从容地乘坐轮椅，自主地、顺利地通行。

（三）市政设施

1. 系列设施

系列设施，顾名思义就是指其设施在风格、材料、样式上有某种联系，形成了系列。它们一般集中在某一个区域，形成该区域的一个特殊的景观，或是现代的、或是浪漫的、或是明快的、或是复古的……它们是当地文化的一部分，反映了当地的人文历史、风土人情。系列设施在形式上一般追求多元化的风格，在材料的选择上主要以坚固耐用为主，注意和新材料的结合，设施与设施之间的材料变化不大，造型上采用的手法也相类似，同时注意和当地的历史文化相联系。这些设施形成一个特殊的氛围和景观。形成当地的一个特殊的风貌。在功能上尽量最大化地发挥材质本身的特点，独树一帜、与众不同是系列设施主要的特点。

市中心商业街街椅 1 （纽卡斯尔）

市中心商业街街椅 2 （纽卡斯尔）

市中心商业街街椅 3 (纽卡斯尔)

市中心商业街街椅 4 (纽卡斯尔)

这几款用大理石制作的休息座椅，简洁、大方，与石材的地面相融合，交错平行地布局，中间用不同的图形的玻璃做隔挡，既可以节省了占地面积，还拓展了视觉空间。

用不锈钢跟玻璃材质制作的自行车架，设计简约，既实用，又美化环境。

垃圾桶上端硕大的开口非常方便人们的使用，侧边的玻璃不锈钢支架不仅起到固定作用，而且作为系列造型元素，与周围的设施相互协调。

市中心商业街系列设施 1 (纽卡斯尔)

市中心商业街系列设施 2 (纽卡斯尔)

市中心商业街系列设施 3 （纽卡斯尔）

市中心商业街系列设施3~5为纽卡斯尔市立美术馆前的系列设施。市中心商业街系列设施3中，这两个对称的座椅设计得颇具幽默感：好似将地面表皮撕了起来，令人忍俊不禁。

市中心商业街系列设施 4 （纽卡斯尔）

在与座椅相连的地面设置了地埋灯，当夜晚地灯自下向上照射时，强化了撕开地面表皮的戏趣效果。

市中心商业街系列设施 5 （纽卡斯尔）

锥形的金属隔离桩如同顶破地面表皮，与仿佛撕开表皮的座椅，共同构成了广场的喜剧情节。

2. 街钟

街钟是为行人指示时间的公共设施，大多设置在室外的街边、广场，或者在建筑物上，一些大型建筑的内部也可以见到。

随着时代的变迁和发展，街钟的设计风格也在不断变化，所以出现了传统风格的街钟和现代风格的街钟。两者在外形的设计上具有不同的特点，比如传统风格的街钟装饰复杂，华丽、高贵，设计形式主要是花纹、人物、多边形等，色彩则以金黄、红、棕、黑、白为主，强调突出装饰的效果，与当时的历史环境、审美情趣相吻合，有很强的古典主义色彩。而现代风格的街钟则简洁、时尚，推崇现代工业的时代感。造型设计以直线和流线以及概念化的抽象形态为设计元素，色彩以灰、黑、白、金属原色为主。

由于大都设置在室外，街钟的设计应该防风防雨，使用坚固耐用的材料。

作为一种公共环境景观中的设施，街钟的设计在与周围建筑、环境协调一致的同时，强调突出它的形式特色。

（1）传统风格的街钟

采用紫铜材料制作的街钟，棕红色的色调与背后的建筑物十分协调，六边体的钟体朴实、敦厚，下面的四个女性造型十分优雅。

街钟 1（伦敦）

街钟 2 （伦敦）

正方形的表盘主体上圆形的组合纹饰，采用灰蓝色表盘，与周围的环境色相协调，尤其是在蓝色天空的映衬下，格外漂亮。

街钟 3 （伦敦）

悬挑在古典风格建筑上的街钟就如同一枚徽章，具有很强的装饰作用，尤其突出的是钟表上方的金黄色的动物造型，尤为引人注目。

街钟 4 （伦敦）

黑色的钟体与黑色的窗框融为一体，具有浓郁的历史感。

黑色的钟体使白色的表盘更加突出。

街钟 5 （伦敦）

在黑色铁艺花饰的衬托下，罗马字表盘更显得古朴，与建筑的古典风格相吻合。

街钟 6 （伦敦）

这是安装在娱乐场所门面上方的钟表，上部是一个坐在马桶上专心看书的人，下部则如同一朵太阳花的造型，生动有趣的创意令人回味。

街钟 7 （伦敦）

街钟 8 （伦敦）

深棕色的钟体和金色的指针字码相搭配、质朴的村妇雕像在挂钟丛中分外醒目，展现了传统的手工艺富有装饰性的效果。

街钟 9 （伦敦）

由两个长方体交错构成，经典的黑色与白色搭配，非常醒目，设计简练。

街钟 10 （伦敦）

如花环般的造型装饰，尖顶设计强化了向上升腾的感觉，活泼又有美感。

典型的英国装饰风格的街钟造型，黑色的钟体装饰着金色的花饰，整体形象如纪念性雕塑般的气度不凡。

街钟 11 （伦敦）

直接镶嵌在建筑上的年代久远的钟，就像纹饰般地依附在建筑墙壁上，方圆的交织，以及指针的交错，十分精致；金色、蓝色的搭配，高贵典雅。

街钟 12 （剑桥）

凸出于建筑墙体的钟，造型上与建筑风格浑然一体。敲钟人玩偶既有趣生动，又具有功能性。

街钟 13 （牛津）

街钟 14 （纽卡斯尔）

建筑顶部的四面钟，钟体铸造精细的花饰、斑驳的铜绿色，强化了古典建筑的风韵。

街钟 15 （纽卡斯尔）

金黄色的钟体华丽、高贵，升腾向上的人体造型，线条流畅优美，高举着手臂仿佛对远方和未来充满希望。

街钟 16 （纽卡斯尔）

黑色的钟体色彩、浑重的造型，展现了街钟的性格。

在红色墙壁的衬托下，使街钟醒目美观，黑、金、白色的搭配使钟体沉稳、庄重。

街钟 17 （纽卡斯尔）

圆形的钟体上凸出了四个银色角的造型，在传统的风格基础上又显现出时尚的元素。

街钟 18 （纽卡斯尔）

街钟就是建筑的一部分，造型古朴，充满了历史感。

街钟 19 （伦敦）

街钟 20 (纽卡斯尔)

处于屋顶上方的四面钟，如区域地标般地矗立于蓝天白云间。

街钟 21 (约克)

绿色的钟体造型朴实，表盘清晰，便于识别。

街钟 22 (约克)

以曲线元素作为装饰特色的钟表设计与古典风格的建筑很好地结合在一起。

绿色的钟体色彩与周围的路灯相统一，非常和谐；稳重的钟体座基、挺拔的钟体造型，如同一座纪念碑，四个方位的钟面设计，方便了路人辨望。

街钟 23 (纽卡斯尔敦)

犹如宫殿般的街钟造型，庄重又略带华丽。

街钟 24 (爱丁堡)

远处望去，钟表清晰易辨，却不突兀。

街钟 25 (爱丁堡)

（2）现代风格街钟

街钟 26 （爱丁堡）

街钟 27 （格拉斯哥）

街钟 28 （利兹）

嵌于墙内如同一座小门的钟表，节省了空间，以很特别的形式发挥它的功能，木质钟框和石材结合得很融洽。

街钟下部的造型像一双奔跑的腿，结实而有力地支撑着钟体，仿佛在提示着人们时间在奔跑，呼吁我们珍惜时间，给人积极上进的隐喻。

除了表盘部分，设计全部由直线组合而成，有很强的现代特征。

扭曲的造型流畅、生动，既是街钟，还是一座现代、前卫的雕塑作品。

位于大厅内的钟表设计，钟体采用金属管材，和现代建筑协调统一，设计感十足。

挺拔的金属型材支架高耸地承托起钟表，屹立在广场上，银色与白色的组合很具时代感。

街钟 29 （伦敦）

街钟 30 （伦敦）

街钟 31 （纽卡斯尔）

街钟 32 （纽卡斯尔）

在暗红色墙面的衬托下白色和灰色搭配的表盘分外清雅，蓝色的指针醒目地指示着时间。

街钟 33 （伦敦）

设计语言简约到极致，黑色表框和灰色墙面的搭配效果典雅、时尚。

街钟 34 （伦敦）

圆形的表盘与其上部突出的半圆形阳台的形态组合体现出很强的形式感，醒目的红色的指针容易识别。

采用对称形式的浮雕与街钟相配合，体现了艺术与公共设施的完美组合，既展示了建筑的艺术形象，又给路人醒目的时间指示。

街钟 35 （伦敦）

表盘图形数字的设计颇具创意，给人新鲜感，白色的钟面与红色墙壁的搭配素雅、清丽。

街钟36 （温莎）

浑重的暖灰色正方体的钟体、优雅的黄色花纹似的指针与图形，更加清晰地指示了时间，造型简练，与背景建筑融为一体。

街钟 37 （剑桥）

3. 街椅

在现代城市景观中街椅扮演的角色已经远远不单是供人们歇息的用具，它的多面的设计形象装点着环境，给人们带来美的享受。

英国的公共景观中的街椅设计既有浓郁的幽古之风，还有创意十足的现代风格；座椅材料已经不再局限于木材和金属等传统材料，而造型设计更具有科学性和美学功能，让椅子更有舒适性、可视性，使城市街道更具有艺术个性、品位，也使人们觉得更舒适与贴心。在街椅的造型上，新颖的设计创意往往赢得现代人们的欣赏。利用人体工学的原理，对新材料、新工艺加以创造性地运用，使街椅的造型更富有变化，线条更符合人的生理曲线，各部分的结构更趋于完美。

功能性与艺术性完美融合的街椅使人们感受到身心的舒适与惬意。

泰特现代艺术馆前广场的休息凳（伦敦）

休息凳的造型如同第一个映入你眼帘的艺术馆的现代艺术作品，充满了个性化的形式魅力：黑色的橡胶皮包裹着混凝土的座基，浑厚、凝重，与用旧电厂改建的泰特现代艺术馆建筑风格浑然一体。橡胶座面毫无冷、硬之感，且结实耐用，又体现了现代设计的巧妙。

此休息凳采用中规中矩的长方体造型，但在分布摆放上与地面条格形式及树体相错落，在材质上运用木材与石材的结合对比，显现了天然材料的亲和质感。

金融街区广场的休息凳（伦敦）

运用不锈钢材料和形式感极强的造型，既表现出前卫、简洁的设计形式，又满足了人们休息时要求的舒适的感受。

街凳 1 （伦敦）

泰晤士河岸边广场的休息椅、凳（伦敦）

泰晤士河岸边广场的休息椅、凳造型如同一组现代雕塑，用色大胆，犹如行驶在泰晤士河中的帆船。

火车站内的休息凳（伦敦）

造型简练，充分体现实用功能，微弧的凳面及扶手展现了设计师在设计中对人体工学的理解及运用。

色彩和造型上区别了其他传统休息椅的设计形式，与其环境及地面相结合，充满了设计的巧妙及童趣。

采用线形排列的构成形式，设计的座椅造型既简练还具有舒适的曲面。

路边花园的休息凳（伦敦）

街凳 2 （伦敦）

商业街的休息椅、凳（伦敦）

充满现代创意理念的座凳设计，是具有使用功能的玻璃艺术装置作品。

街凳 3 （伦敦）

休息亭采用拉膜形式塑造，给人以超现代之感，赋予了超强的张力及伸展力，又满足了人们休息纳凉的功能需要。

采用混凝土材料制作的休息凳，造型简洁。

这组休息椅如同一顶插着绿色羽毛的女士礼帽，陈列在专卖店前。

国家歌剧院的露天广场休息凳（伦敦）

街椅 1 （伦敦）

街凳 4 （伦敦）

如同鲸鱼般的造型，又酷似突然浮出水面上的一艘潜水艇，幽默、诙谐。

画廊内的休息凳（伦敦）

优美的弧形凳面，充满了浪漫的艺术气息。

运用超市购物手推车上网格的造型元素，组合成供人休息的、造型独特的座椅。

不锈钢型材呈线形序列排列，造型简练、形式感强。

某超市的休息椅（伦敦）

街椅 2 （伦敦）

街凳 5 （伦敦）

街凳 6 （伦敦）

质朴厚重的造型，体现了历史的沉重感和沧桑感。

犄角相连的街凳摆放方式，构成了人们休息、交流的一隅空间。

木质坐凳，造型简单朴素，与环境相协调。

长方形的石座用钢管分隔座位的同时，还构成了线与体的形态对比。

街凳 7 （伦敦）

泰晤士河边的休息椅 1 （伦敦）

泰晤士河边的休息椅 2 （伦敦）

形式感十足的休息椅如同后现代主义的雕塑，造型及材质充满了现代气息。

泰晤士河边公园内的休息椅（伦敦）

典雅庄重的休息椅，配予散落满地的落花，整体充满和谐浪漫的氛围。

街椅 3 （伦敦）

浑厚的铸铁与木质的椅身，结实、耐用。

某商业中心内的休息椅（伦敦）

既是一组座椅，又是内庭的绿植景观。

街椅 4 （温莎）

金属质地的休息椅，雕塑感十足。

温莎城堡内的休息椅（温莎城堡）

休息椅与古堡相协调，显得很庄重。

泰恩河边的街椅 1 （纽卡斯尔）

造型简单，毫无赘饰之感。

泰恩河边的街椅 2 （纽卡斯尔）

敦实的铸铁凳腿，坚固、耐用。

泰恩河边的街椅 3 （纽卡斯尔）

朴实无华的街凳，亲和力强。

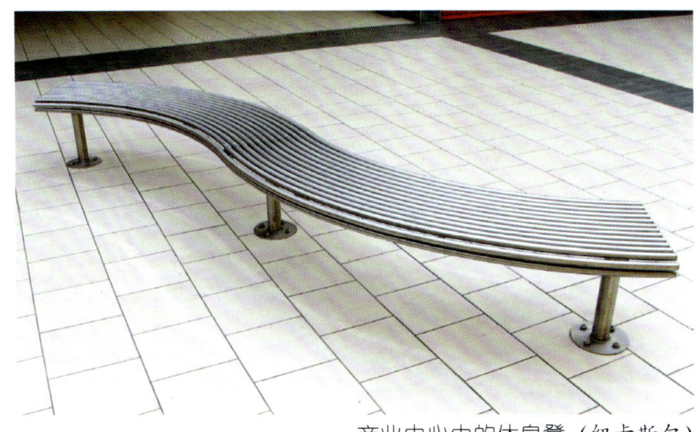

商业中心内的休息凳（纽卡斯尔）

大曲线的排列，富有时代气息及动势，既是休息凳，亦是一个创意独特的艺术装置。

街凳 8 （剑桥）

不锈钢线材的曲线排列，展现了简练的现代设计构成的形式。

中心公园内的休息椅（伯明翰）

整体感觉很有体量感，造型饱满，椅背的中空镂花图形简练。

诺森比亚大学设计学院内的休息凳（纽卡斯尔）

现代风格的坐凳造型新颖、舒适，在摆放上又围合了区域及范围空间。

路边的休息椅（纽卡斯尔）

连体桌椅构成了一个休闲的小啜空间。

街凳 9 （剑桥）

几个质朴的长凳组合，形成了一个休闲的虚拟空间。

街凳 10 （剑桥）

造型采用几何体构成的形式，现代、实用、美观。

商业街的靠凳（牛津）

靠凳被设计为独特的造型是因考虑到其应供游人短时间地倚靠休息。

商业街的街椅（牛津）

直线加曲线，木材结合金属，充满艺术感。

街椅 5 （伦敦）

不锈钢材料的光泽显得街椅的形象时尚、现代。

街椅 6 （南安普顿）

一块铁板通过设计巧妙的弯、凸裁切，构成了形式独特的、颇具雕塑感的舒适街椅。

商业空间内的休息凳（布莱顿）

条形的木材凳面光洁、柔和，给人以亲和的感觉。

海滩上的休息凳（布莱顿）

造型质朴，犹如童话卡通中的设施。

商业街的休息椅（卡地夫）

既是人们休憩的家具，还是划分区域的工具。

商业中心内的休息椅（卡地夫）

造型美观，赋有音乐气息，拼接木与不锈钢结合，巧妙地围裹出椅背。

街凳 11 （格拉斯哥）

采用厚重的黑色大理石罗叠而成的坐凳，庄重、沉稳，体量感十足。

教堂内的休息椅（爱丁堡）

造型庄重、风格典雅、性格深沉，不仅为休息之用，还可从中感受到宗教气息。

黑色锃亮的街椅充满高贵、典雅的品位。

街椅 7 （格拉斯哥）

围树而抱的金属街凳，既点缀了步行街的时尚风情，又为人们提供了享受树荫纳凉的情趣。

街凳 12 （格拉斯哥）

街边的休息椅（格拉斯哥）

充分运用立体构成原理及美学形式，让若干直线形式结合出供人们休息的公共座椅，与敦实的石材方形体形成对比。

某商业中心内的休息凳 1 （格拉斯哥）

某商业中心内的休息凳 2 （格拉斯哥）

采用解构分割的造型形式，既是供人们休息的坐凳，还是创意独特的艺术品。

朴素、粗犷、原生态的坐凳造型，展现了原生态质朴的形象。

小镇路边的坐凳（卡莱尔湖区）

与铁艺相结合，体现了手工工艺的美感。

小镇路边的休息椅（卡莱尔湖区）

4. 路灯

夜幕下的英国路灯像闪烁的繁星，诉说着一座座城市的动人故事，使人们能够从中感受到其背后的多彩情愫。不同的地区、不同的民族会对这小小的路灯有着不同的设计诠释方式，但地域性的文化特质也就在这一点一滴之中渗透了出来，反映出人们对待生活的解读。

路灯是城市照明中最为常见的一种灯具，其主要功能是照亮周围的环境。为了满足功能的需求，因此她往往有着挺拔、修长的身躯，依据所处不同的环境而各自体现了迥异的风格特征。

栏柱灯虽然其基本功能依然是照明，但其一般是为了局部的照明，摆放的地方往往是栏柱之上，具有一种雕塑般的仪式感，增强其装饰性。

依附在建筑墙壁的壁灯的主要功能不仅仅是照明，更是强化了建筑的装饰效果，烘托出一种整体的景观氛围。壁灯的设计更能体现出设计者对细节设计的独特解读，从而在细微之处展现了建筑、景观的性格。

海德公园里的路灯（伦敦）

庄重、典雅的造型，灯罩通透光亮，功能性强。

（1）路灯

类似新艺术运动曲线的造型与金属的材质相搭配，既有浓郁的装饰性，还给人沉稳的感觉。

精细的花纹装饰灯柱造型构思巧妙，使整体造型既庄重又活泼。

灯头的造型酷似中国元素中的睡莲。

路灯 1 （伦敦）

路灯 2 （伦敦）

路灯 3 （伦敦）

路灯 4 （伦敦）

路灯 5 （伦敦）

路灯 6 （伦敦）

用简洁的造型手法最大限度地满足照明功能的要求，灯体造型修长、挺拔。

简约的造型搭配传统的黑色，体现了浓郁的英伦风范。

细长的造型，给人以干练、简洁之美。

宛如一对高挑的模特，相同的“服饰”却配戴不同的“帽子”，成对的摆放方式构成了一种英式的幽默。

细高的立柱上采用与灯罩相衬的曲线造型，看上去整体感中富有变化。

挺拔、简约的现代设计风格路灯与同样简约的建筑环境相得益彰。

路灯 7 （伦敦）

路灯 8 （伦敦）

路灯 9 （伦敦）

路灯 10 （伦敦）

路灯 11（伦敦）

路灯 12 （温莎）

颇具雕塑感的灯体造型散发着厚重的传统文化气息。

铸造的组合灯作水池石雕柱的柱头，成为广场的视觉中心。

十字造型的灯柱与英国军装的元素相契合，使灯具具有一种仪式感。

矗立在街心位置，使灯具自成一景。

流畅的线条使街灯既简洁而又有丰富的细节。

简单利落的折线“举起”富于形式感的灯头，展现出极强的现代感。

路灯 13 （温莎）

路灯 14 （温莎）

路灯 15 （温莎）

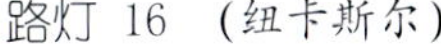

路灯 16 （纽卡斯尔）

整体的黑色柱身局部配以金色纹样，凸显一种皇室的风范。

路灯 17 （纽卡斯尔）

用线条在平面空间中勾勒出立体的城堡图形，展现出独特的地域特征。

路灯 18 （爱丁堡）

国家画廊广场上的路灯风格与画廊建筑，表现出一种文化性和历史感。

路灯 19 （爱丁堡）

黑色路灯与沉静的建筑构成的环境使人感觉宁静而安逸。

路灯 20 （爱丁堡）

传统的灯柱形式结合坚实的石材灯基，给人一种敦实、稳定的感觉。

路灯 21 （爱丁堡）

简洁的灯罩与传统的十字造型的灯杆组合，使得简约感中不失古典品位。

路灯 22 （爱丁堡）

采用纤细的金属条组成的方形灯身，体现独特的装饰感。

路灯 23（格拉斯哥）

由粗至细递减的圆柱灯身造型简约，展现了个性十足的设计感。

路灯 24 （格拉斯哥）

城市中心广场的高挑而富于变化的路灯，既满足了广场照明，还是构成广场整体形象的组成部分。

商业街的路灯将照明、装饰以及垃圾箱等功能集于一身，颇具特色。

路灯 25 （卡地夫）

姹紫嫣红的花饰装扮的高高的路灯，使街道景观平添了浪漫风韵。

路灯 26 （剑桥）

典雅而富于装饰性的路灯使庄严、肃穆的陵园也散发着艺术气息。

路灯 27 （阿茵维克镇）

(2)栏柱灯

栏柱灯 1 (伦敦)

栏柱灯 2 (伦敦)

栏柱灯 3 (伦敦)

大英博物馆前的栏柱灯同样具有宏大、雄伟的风范。

栏柱灯在具有照明功能之外，便是独特的装饰性，摆放在大厦的入口处，显示了一种仪式感。

矗立在高台上的栏柱灯如带着盔帽的门警，俯视着进入大厦的来客。

轻盈的灯体造型使人欣赏到铁艺工艺的魅力。

精雕细刻的石材基座上的栏柱灯造型设计精美绝伦，在粗壮的罗马柱间，更显得轻盈、挺拔，对宏伟的建筑起到了点睛的作用。

极具现代感的线条勾勒出灯身的主体构架，灯球环绕着灯柱，整体上和谐、统一。

栏柱灯 4 (伦敦)

栏柱灯 5 (伦敦)

栏柱灯 6 (伦敦)

栏柱灯 7 （伦敦）

圆形的灯头、装饰性的灯柱、配以传统的黑色，是英国街灯的基本造型要素。

栏柱灯 8 （伦敦）

通透的灯头上配以金色的构件进行装饰，使其更加显得晶莹剔透。

栏柱灯 9 （伦敦）

灯体线条的竖向排列，形成层层推进的关系，在灯头处形成视觉高潮。

建筑栅栏入口处矗立的浑重的栏柱灯不仅仅是为了照明，同时也是在烘托建筑的一种气势。

栏柱灯 10 （伦敦）

白金汉宫后花园的传统田园式景观配以古典风韵的灯饰造型，使其英式风格更加醇厚、统一。

栏柱灯 11 （伦敦）

传统的栏柱灯造型，灯顶配以金色的饰物，就像皇家的王冠，闪闪夺目。

栏柱灯 12 （伦敦）

塔桥上的栏柱灯 1 （伦敦）

塔桥上的栏柱灯 2 （伦敦）

塔桥上的栏柱灯 3（伦敦）

著名的塔桥上的栏柱灯，造型精美，体现了一个城市的艺术品位与内涵。

英格兰传统的十字形态构成了灯具的主体，衬托着英格兰的徽章，展示着人们对历史的传承。

天蓝色的金属铸造的灯体和蓝白相间桥梯栏柱华彩耀目，还显示了精良的铸造工艺。

矗立在桥墩上的栏柱灯，浑厚的柱身如同丰碑般地庄重，展示出一种威武的姿态。

玲珑剔透的铁艺灯柱与简约风格的桥栏形成了整体独特的艺术特色。

灯柱采用精雕细琢的雕塑手法，古典品位十足。

兰贝斯桥的栏柱灯 1 （伦敦）

兰贝斯桥的栏柱灯 2 （伦敦）

泰晤士河的栏柱灯 1 （伦敦）

泰晤士河的栏柱灯 2 （伦敦）

泰晤士河的栏柱灯 3 （伦敦）

排列一致的挺拔、高挑的灯柱，展现了现代、简约的时代风格。

南瓦克桥前庄重的栏柱灯显示着绅士般的尊贵。

竖向镂空的栏柱灯排列在蜿蜒的河栏上，形成了独特的河畔景观形象。

灯体粗壮的比例尺度使其看上去与后面的建筑互存共生，前后呼应。

城堡粗砺的墙体，衬托着金属与玻璃组合而成的栏柱灯显得晶莹剔透、分外精致。

泰晤士河的栏柱灯 4 （伦敦）

栏柱灯 13 （爱丁堡）

栏柱灯 14 （爱丁堡）

栏柱灯 15 （格拉斯哥）

墙柱间优美的弧形灯体，精美、华丽。

栏柱灯 16 （温莎）

轻盈的线形柱灯站在小桥厚重的桥端上，形成一个吸引视线的景观点，成为独立的景观小品。

栏柱灯 17 （约克）

柱身的十字造型好似骑士的宝剑，熠熠生辉。

（3）悬壁灯

圣诞节期间的牛津街上空悬吊的水晶吊灯展示出奢华、瑰丽的商业氛围。

悬吊灯（伦敦）

传统铁艺与简约的白色灯盆相结合，简中有繁，繁中隐简，美轮美奂。

壁灯 1 （伦敦）

英国典型的壁灯造型，与古老的城堡相互映衬，体现出皇家庄园风范。

悬臂灯 1 （温莎）

悬臂灯 2 （温莎）

悬臂灯 3 （纽卡斯尔）

悬臂灯 4 （纽卡斯尔）

悬壁灯头部的一顶王冠，炫示了皇家专属的风范。

黑色灯具质朴的造型、乳白色的灯片、同样质朴的黑色标识，隐喻了店家别样的风格形象。

精美的铁艺灯架悬垂下的多边形的灯体，使其看上去更加灵巧、轻盈。

壁灯的造型好似一柄粗壮的火炬，展现了力度感的造型特色。

采用铜质材料制作的传统风格的壁灯，在灰白色的建筑衬托下展现出优雅的古典风韵。

悬挑在沧桑、古朴的墙壁转角处的壁灯，质朴无华。

壁灯 2 （纽卡斯尔）

壁灯 3 （利物浦）

壁灯 4 （爱丁堡）

5. 自行车架

自行车架是方便人们存放自行车的一种公共设施，通过对自行车的有序管理，美化了城市街道景观。

自行车架的造型富有现代设计的味道，构思巧妙，好像放大了的不锈钢弹簧，美化了环境，又具有很强的实用功能。

自行车架 1 （伯明翰）

造型虽然简单，但实用性强，设计合理。

牢固的组合式存车栏，还可以存放摩托车。有序地引导了车辆的摆放，美化了环境。

自行车架 2 （温莎）

自行车架 3 （纽卡斯尔）

6. 饮水设施

饮水设施是为了方便游人，是城市人性化的功能设施。英国的城市饮水设施的设计犹如装饰性雕塑或景观小品，矗立在城市的街道、风景区等人群密集的地方，为城市风貌增添了一分靓丽与独特的景观。不同的饮水设施的造型设计配合不同的城市街景，既美观又不失功能性，讲求多变的造型，相异的风格，在人们的生活环境中营造了一种景中有景的氛围，别具情趣，造型都富于个性化。饮水设施在满足使用功能的基础上，更趋向于装饰性设计，成为人们闲暇之时驻足观看的一个视觉中心。

位于街心的饮水设施似小城堡的造型，与周围的建筑风格、色系相统一，宛如童话世界。

街心的饮水设施（埃林维克）

街边的饮水设施（纽卡斯尔）

公园内的饮水设施 1 （伦敦）

采用古典形式的设计，不仅是一处饮水设施，还是一座凝聚了传统风范的建筑。

采用雕塑的形式，在功能完善的同时强化了文化、艺术气息。

凸出墙体的大理石雕琢的饮水设施，造型设计具有传统风格的装饰效果。

饮水处的设计采用石质材料，精雕细刻，展现了古典艺术的美感。

商业中心内的饮水设施（伦敦）

公园内的饮水设施 2 （伦敦）

7. 垃圾箱

垃圾箱的功能就是回收废弃物，保护环境，美化空间。它是随着人类社会文明的发展出现的，迄今为止，垃圾箱已成为人们生活中不可缺少的一部分。在生活水平日益提高的今天，每天人们丢弃的各类垃圾的数量也在不断增加，垃圾箱的设计也更加科学合理，比如，对回收废弃物作了合理性划分，有针对性地回收。在垃圾箱的功能结构、外观造型设计及对新材料、新工艺加以创造性地运用上都有了显著提升，使垃圾箱功能更加科学，造型更富有变化，现代城市的垃圾箱已经成为美化城市景观的组成部分。

英国的垃圾箱设计普遍采用通体的黑色金属铸造，具有强烈的地域历史感，有的还体现了城市的独特历史印记，造型独特，体现了高超的艺术设计水平，遍布于大街小巷、社区、广场、其他公共空间和商业场所等，构成了不同区域景观的亮点。

垃圾箱 1 （纽卡斯尔）

在该市的主要街道和公共场所摆放的黑色金属铸造的印有该市城市标识的垃圾箱构成了该城市的标识性设施，实用、美观。

在商业中心设置的垃圾箱上禁烟的图形非常醒目，起到警示作用，功能性极强。

垃圾箱 2 （纽卡斯尔）

四方锥体的造型，设计感强，别具风雅。

垃圾箱 3 （纽卡斯尔）

采用不锈钢的材料、精细的制作工艺，更加强化了简约的设计造型，又宛如一件现代装置艺术品，点缀了区域景观。

垃圾箱 4 （纽卡斯尔）

垃圾箱 5 （纽卡斯尔）

集合摆放在城市商业街广场中央的垃圾箱标明了收集不同类别的垃圾，方便了路人对垃圾的投弃，便于垃圾回收。

垃圾箱 6 （达勒姆）

悬挂式垃圾箱，设计精巧，节省了占地空间。

弃烟器（达勒姆）

壁挂式弃烟器的位置与人体高度相匹配，使用方便；设计独特，新颖、醒目。

不锈钢柱体斜向切面的造型、简练的设计，充满了现代气息。

垃圾箱 7 （卡地夫）

垃圾箱体设计独特：排列的环形不锈钢棒构成了序列线形的抽象美感，既突出了使用功能，又点缀、美化了街景。

垃圾箱 8 （格拉斯哥）

宽口式箱体设计，方便了路人的垃圾投放。

垃圾箱 9 （格拉斯哥）

垃圾箱 10 （纽卡斯尔）

垃圾箱 11 （伦敦）

乌黑的垃圾箱体上的不同垃圾类别的色彩鲜明的投放口，既方便了游人对垃圾分类的识别，还美化了垃圾箱的形象。

在主要交通干道边设置的垃圾箱采用透明袋柱筒的形式，可以清楚地观察垃圾的性质，是保障城市及市民安全的特别设计。

在大型购物中心处的大型垃圾箱，卡通式造型，拙趣、质朴。

黑色的箱体采用金属直线与曲线相结合的形式，展示了线形排列构成的美感。

垃圾箱 12 （纽卡斯尔）

垃圾箱 13 （格拉斯哥）

井盖 1 （纽卡斯尔）

井盖 2 （牛津）

8. 井盖

城市的道路美化，也离不开井盖的装饰效果。井盖的造型因不同的地井设施有各自不同的设计，在形状和图案上通过富有创意的设计或与路面铺地材料相一致的隐蔽式形式，与路面相协调，为街道增添了艺术亮点。

井盖 3 （纽卡斯尔）

井盖 4 （牛津）

后记

环境景观是一个国家、一个民族的人文历史及其传承发展的形象印迹。

环境景观又是人类现代文明进程的展现。

此书展现给您的英国环境景观充分体现了发展与传承的理性思索、现代设计理念与科技发展的高超水平。

中国城市环境景观一如中国经济的迅猛发展，也日新月异地在变化，如何把有着深厚的人文积淀的古国通过我们的双手在未来展示得更为辉煌？展开胸怀，涵纳百川，考研他人的成功心得为我而借鉴，无疑是重要的。

我们所要继承、保留、发展的城市环境景观，是孕育于其从属的特有的历史与文化积淀的鲜活现代城市景观，是传统的人文艺术在发展的过程中不断吸收新的营养成分、适应新的时代特征、新的生活方式的创新性的体现。

作为从事环境艺术设计专业教学与研究的教师，应该有责任为所热爱的事业尽一份力量。

此书的素材是笔者作为访问学者在英国进行专业研修期间拍摄的，初衷是为了在教学中作为辅教素材使我的学生真切地了解英国的建筑景观艺术。为了使更多的学习环境艺术设计的学生能够拓展专业视野，也是为了给同行们的设计与教学工作提供参考而编纂了此书。

感谢中国建筑工业出版社的张惠珍副总编给予的指导和鼓励，感谢唐旭、吴绫编辑为本书的出版所做的深入、细致的工作；感谢我的硕士研究生何李、于润泽、许从意、王钧、刘昂、王冠强等学生为本书的文图整理所做的工作以及彭奕雄同学为此书的题图所绘制的英国建筑景观画。

翻看着收录其中的一幅幅照片，仿佛游历、采风时的其情其景就在昨天，拍摄时的辛苦跋涉，考证、编纂时的彻夜不眠，都因其要面世而释然。然而，忐忑不安也随之而来，毕竟因编纂时间的仓促，加之笔者的知识和水平有限，书中必然存有谬误，真诚地希望广大读者多提宝贵意见，借此先致谢意。

2011年10月8日于天津美术学院

图书在版编目（CIP）数据

英国景观艺术/彭军，张品编著．—北京：中国建筑工业出版社，2011．12

（环境艺术设计实用参考图鉴）

ISBN 978-7-112-13831-9

Ⅰ.①英… Ⅱ.①彭… ②张… Ⅲ. ①景观—园林设计—英国—图集 Ⅳ. ①TU986.2-64

中国版本图书馆CIP数据核字（2011）第246380号

责任编辑：唐 旭 吴 绫
整体设计：刘 昂 王冠强 彭奕雄
责任设计：陈 旭
责任校对：王雪竹

环境艺术设计实用参考图鉴

英国景观艺术

彭军 张品 编著

*

中国建筑工业出版社出版、发行（北京西郊百万庄）

各地新华书店、建筑书店经销

北京方嘉彩色印刷有限责任公司印刷

*

开本：880×1230毫米 1/16 印张：12½ 字数：385 千字

2011年 12 月第一版 2011年 12 月第一次印刷

定价：*98.00*元

ISBN 978-7-112-13831-9

（21618）